中国空间站

我们的太空家园

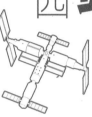

睿赫光
郭芫
高时

著

湖南科学技术出版社
·长沙·

图书在版编目（CIP）数据

中国空间站：我们的太空家园 / 郭睿，高芜赫，时光著 . -- 长沙：湖南科学技术出版社，
2022.10（2024.4 重印）
ISBN 978-7-5710-1604-3

Ⅰ.①中… Ⅱ.①郭… ②高… ③时… Ⅲ.①航天站 – 中国 – 普及读物 Ⅳ.① V476.1–49

中国版本图书馆 CIP 数据核字 (2022) 第 087286 号

ZHONGGUO KONGJIANZHAN：WOMEN DE TAIKONG JIAYUAN
中国空间站：我们的太空家园

著　　者：郭睿 高芜赫 时光
审　　稿：范高洁 曲少杰 周昊澄
制　　图：石萌（手绘图）李浩（3D 图）
出 版 人：潘晓山
责任编辑：李文瑶 王舒欣 梁蕾
出版发行：湖南科学技术出版社
社　　址：长沙市芙蓉中路一段 416 号泊富国际金融中心
网　　址：http://www.hnstp.com
湖南科学技术出版社天猫旗舰店网址：http://hnkjcbs.tmall.com
邮购联系：0731 – 84375808
印　　刷：长沙玛雅印务有限公司
　　　　　（印装质量问题请直接与本厂联系）
厂　　址：长沙市雨花区环保中路188号国际企业中心1栋C座204
邮　　编：410000
版　　次：2022 年 10 月第 1 版
印　　次：2024 年 4 月第 2 次印刷
开　　本：710 mm × 1000 mm 1/16
印　　张：9.75
插　　页：1 页
字　　数：96 千字
书　　号：ISBN 978-7-5710-1604-3
定　　价：88 元

科技创新和科学普及是实现创新发展的两翼，中国空间站是国家级太空实验室，也是很好的科普传播平台。本书以家作比，从"有人居住"这个角度找到了中国空间站和地面上的家设计中的共通之处，角度新颖，通俗易懂，是了解中国空间站的一本好书，可以启发青少年学科学、爱科学的热情，也希望更多人能够关注和参与到我国空间站的建设中来，一起建好、用好我们的太空家园，更好地传播航天知识，弘扬航天精神。

杨宏

中国工程院院士、空间站系统总设计师

天上的家，地上的家

2022 年 4 月 16 日，"神舟十三号"载人飞船返回舱成功着陆。那天中午，我和十岁的儿子在家，一边吃午饭、一边看新闻。孩子目不转睛地盯着电视里航天员出舱的画面，喃喃说："妈妈，好神奇啊，这三位航天员在空间站里住了六个月，住在天上的家，是什么感觉呢？"我笑着说："妈妈也不知道。不过，未来总有一天，普通人也有机会居住到太空中去，那时候你就都知道啦！"

没想到，两个月后，这本《中国空间站——我们的太空家园》摆在了我的案头。作者郭睿先生发来信息，说希望我写一篇推荐序。我的第一反应是："啊？我？我就是一个再普通不过的居住研究学者，只懂普通人的小家，至于航天航空这些高科技，我哪儿懂啊？这怎么可能嘛！"

我正打算一口回绝，没想到小书"嗖"地就被儿子一把抢去了！他抱着不撒手，足足看了一下午，还给我的时候说："妈妈，这本书挺好看的。我现在知道住在天上的家是什么感觉啦！"

咦？既然十岁的孩子能看懂，那我也挑战一下、试着读读看？

于是，随手翻了几页，哟，图文并茂、轻松有趣、清晰明了，难怪孩子也喜欢。接着再翻几页——第 101 页赫然跃入我的眼帘。这一页上，居然画着一张"户

型图"！哈哈哈，核心舱原来是"三房一厅"小户型啊！天呐，这功能分区可真是太亲切了！遥不可及的太空站原来和地面上我们普通人的小家，有如此相似的一面……

那一瞬间，我好像忽然拿到一把熟悉的钥匙，打开了空间站的神秘大门。

一页页翻着，一章章读着，距离头顶上方 400km 的"天上的家"和我脚下踩着的"地上的家"，二者的距离越来越近、慢慢重叠了：

地上的家，需要坚固实用；
天上的家，也要坚固实用。

地上的家，需要动静分区；
天上的家，也要动静分区。

地上的家，需要空调地暖；
天上的家，也要"空调地暖"。

地上的家，需要节水节电；
天上的家，也要节水节电。

地上的家，需要高效收纳；
天上的家，也要高效收纳。

地上的家过年，需要春联福字；
天上的家过年，也要春联福字……

原来如此！空间站并不是高冷遥远的存在，它其实有两面：一面是我们普通人无法想象的高科技，另一面却是每个普通人都可以理解的——"有人住的家"。

人类的家，自远古时代至今，穴居、茅屋、木构、砖石、钢砼……建筑形式、建造技术、建筑材料，从未停下进化的脚步。无论外在如何变化，它的内核永恒不变——有人才有家，有家就有爱。

家，宇宙中最温柔的地方。

地上，有一盏灯，照亮我的小家；

天上，有一颗星，照亮未来的家。

以书为灯，一起回家吧。

中国居住领域专家、百万畅销书《小家》系列作家

2022 年 6 月 24 日

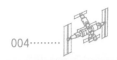

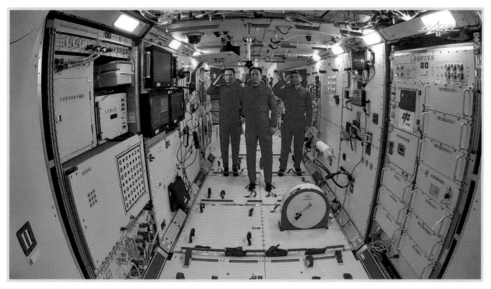

"神舟十二号"航天员乘组第一次进入中国空间站核心舱。　图片来源：中国载人航天工程网

2021 年 6 月 17 日 18 时 48 分，"神舟十二号"载人飞船与"天和"核心舱成功实现自主快速交会对接，航天员聂海胜、刘伯明、汤洪波先后进入"天和"核心舱，这标志着中国人首次进入自己的空间站。面对亿万观众，指令长聂海胜动情地说："**我们乘组已经进入我们的太空家园——'天和一号'核心舱，感谢全国人民的支持，感谢广大科技工作者的辛勤付出，敬礼！**"

写在再版之前
两张全家福背后的故事

距离本书第一版面世已经过去两年，站在"中国空间站全面建成，我们的太空之家遨游苍穹"的当下，把这两张照片放在一起看格外有意义。第一张全家福拍摄于 2020 年，空间站所属天和核心舱、问天实验舱、梦天实验舱、神舟载人飞船和天舟货运飞船连接在一起，共同开展联合测试。这几个加起来近百吨的"大家伙"第一次也是唯一一次在地面上见面。或许只有亲临现场的人才能描绘出站在组合体面前的震撼，它真的好大，原本可以供多个卫星开展测试的 AIT 厂房，现在只是摆下空间站都略显局促。接下来的两年里，它们将陆续奔赴太空进行交会对接。彼时，中国空间站这项跨越几代人的庞大工程还充满了未知，距离成功还差最后一步。

第二张照片拍摄于 2023 年 10 月 31 日，神舟十六号乘组返回地球前拍摄了中国空间站太空全家福。这是一张中国航天人梦寐以求的照片，由航天员桂海潮使用手持相机，在飞船和空间站分离后，通过飞船返回舱舷窗拍摄。这是中国人首次拍摄到的以地球为背景的空间站全貌图，看似是一张简单的自拍，可实际上并不容易。神舟十六号载人飞船需要在下方与空间站分离后，飞行到空间站正上方时才能拍下了这张完美的照片。

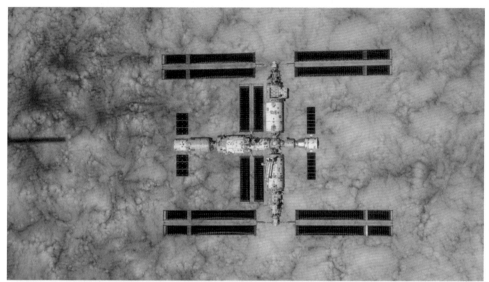

　　从"蓝图"到"施工图"再到"实景图"，直到看到太空全家福的这一刻才

更加确信。中国空间站——我们的太空家园，真的建成了。

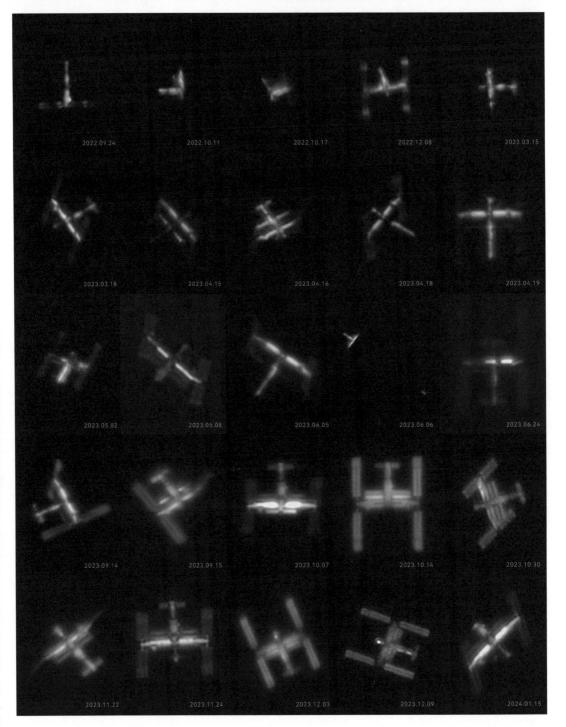

使用望远镜跟踪拍摄的中国空间站各类组合体构型 (2022 年 9 月 –2024 年 1 月，绝大部分在北航沙河校区内拍摄)。

（作者：霍柱彰 ）

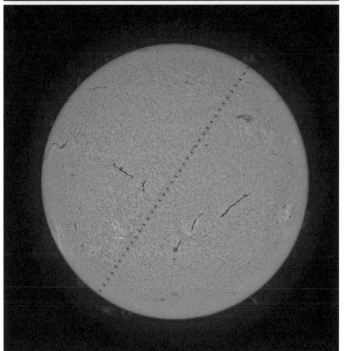

（上）2023 年 3 月 7 日 01 时 16 分，在北京市海淀区拍摄的中国空间站
凌月。 （作者：霍柱彰）

（下）2023 年 4 月 7 日 10 时 12 分，在北京市昌平区拍摄的中国空间站
凌日。 （作者：霍柱彰）

谨以此书献给

未来的航天人
和
我们将来的太空生活

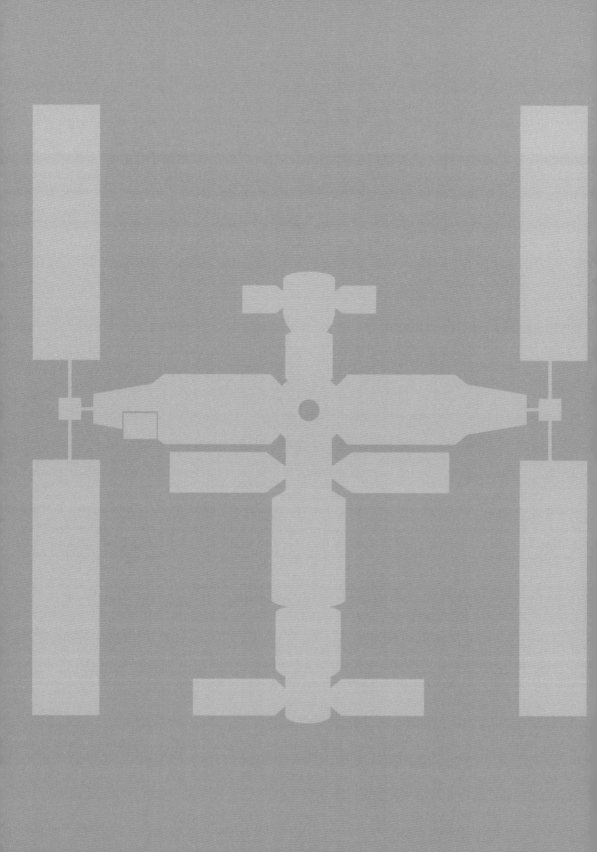

作者简介

郭睿

中国科普作家协会会员。以航天题材为切入点创作多部动画、漫画、微视频等科普作品，获"中国龙奖"、全国优秀科普微视频奖、中国互联网"五个一百"网络正能量作品等奖项。

高芫赫

航天科普作家，参与月球探测、火星探测、货运飞船等重大工程任务负责航天器研制，获全国科普讲解大赛北京地区第一名。

从空间站核心舱的舷窗向外拍摄的地球和太空。　图片来源：中国载人航天工程网（汤洪波 摄）

有这样一个地方，脚下是美得令人如痴如醉的蓝色星球，抬头是让人肃然起敬的浩瀚星辰。这里每天要经历 16 次日出日落，时间不再可靠，速度不再敏感，人类五千年的文明仿佛弹指一挥间。

有这样一种可能，人类以往积累的科技知识和经验或被改写；风、水、浮力、重力……以往习得的物理常识在另一个空间环境下变得陌生，人类需要如同婴儿学步般重新开始研习。也正因如此，科学家得以突破"桎梏"，寻求更为广泛的真理。

有一群追梦人，从事着强度大、要求高、充满未知挑战的工作，肩负着如山的责任。听起来让人望而却步，却总有人乐此不疲。对他们来说，99%的时间都在脚踏实地，只有 1% 的时间在仰望星空，但正是因为有那 1% 的仰望星空，才让这 99% 能够坚持下去。

从 1961 年苏联航天员尤里·加加林代表全人类第一次进入太空距今不过 60 余年，而我们太空生活的画卷才刚刚由此徐徐展开。

我们为什么
要关注航天

本书秉持的观念是：

关注航天其实是关注人类的未来生活。

人类过了约 300 万年"脚踏实地"的生活，

现如今的我们何其幸运站在了历史的拐点，

有了彻底摆脱重力的机会。

得益于航天技术的飞速发展，

我们将太空扩展为人类活动的第四疆域，

航天员将不再只限于过去万里挑一的空军飞行员，

从科学家、工程师，

到恰似你我的普通人，

都有可能成为其中的一员。

在未来的生活中，

航天知识将像我们知道

呼吸需要氧气、下雨要打伞、天冷要加衣一样，

成为一种生活常识。

中国
为什么要
建设空间站

对于基础物理学、生命科学、生物学、材料学等大量的科技领域来说，空间站所处的近地空间拥有的微重力环境和辐射条件是梦寐以求的实验场。在过去的 20 多年间，航天员在国际空间站进行了 3000 余次的在轨科学实验。

太空经济全面带动着全球经济的发展，美国及欧洲多家研究机构曾采用不同模型得出一项评估结果：航天领域每投入 1 美元，将会产生 7~12 美元的回报。生活中常见的太阳能电池、数码相机、脱水食品、微波炉、气垫鞋、尿不湿等物品，以及记忆海绵等材料都是在太空率先使用后，才逐渐走入人们的日常生活中。

一方面，中国空间站作为人类利用太空资源的实验室，配备了具有国际标准接口的科学实验柜，用于开展空间生命科学与生物技术、空间材料科学、微重力基础物理等多学科领域的数百项科学研究，更欢迎来自全球的合作。

另一方面，通过建设中国空间站可以推动国产芯片、软件、材料、制造等产业创新能力的提升；而各行各业的自立自强也提升了中国空间站技术的先进性，国产操作系统、国产智能家居等已经广泛应用于空间站的各个角落。可以预见，中国空间站的全面运行将对国计民生的方方面面产生重大影响。

导语

当你仰望满天繁星，是否会有这样一种朴素的感觉："它就在那里，不想去看看吗？"如今，在距离头顶约 400km 的太空，有一颗"星星"常常划过，从 2021 年的"一"字形，到 2022 年的"T"字形，到展望未来的"干"字形。从建房到住人，从关键技术验证、组装建造到全面建成转入应用与发展阶段，那正是我们的中国空间站。

中国空间站的建设十分复杂，但归根结底是围绕着人和居住展开的设计，与地面建房子有很多相似之处。房子建在哪，怎么规划布局，主体结构、水电气网络怎么搭建，室内怎么装修，如何设计居住者（航天员）的工作和生活空间，出行选择什么交通工具等，无不体现着设计师的系统思维。不同的是，这座"房子"此时正以 23 倍于声速的第一宇宙速度环绕地球飞行。从人类生存的角度来看，一墙之隔的舱内外就意味着生存与毁灭，空间站宛如生命之舟，让人类在真空、巨大的温差、充满宇宙射线且缺乏食物和水的极端环境中生存。

由于空间站身处极端环境，设计上还会受到多重约束，其中蕴含的智慧对我们的地面生活有许多启示。本书将从设计者的角度解码中国空间站的建设，并在此过程中尝试勾勒人类未来太空生活的雏形。

从北京玉渊潭拍摄的中国空间站过境。（朱进 摄）

中国空间站舱外相机拍摄的太阳翼和"天和"机械臂。　图片来源：中国载人航天工程网

天宫,亦名紫微宫,是中国神话传说中天帝居住的宫殿,彰显"极限尊贵"之意。自古以来,天宫承载了中华民族千年的飞天梦,寄托了人们对美好事物的向往。如今,"天宫"真的存在了,它就是我们的太空家园——中国空间站。

"天宫"是我国自主研制的载人空间站的名称,其主体由"天和"核心舱、"问天"实验舱、"梦天"实验舱三舱组成。按照"搭积木"的方式逐步组接而成,提供三个对接口,支持"神舟"载人飞船、"天舟"货运飞船及其他来访飞行器的对接和停靠。它运行在距离地面340~450km的近圆轨道,三舱组合体质量约68t,一般可容纳3名航天员在轨居住,轮换期间短期可容纳6人。

从功能上来说,"天宫"是国家级太空实验室,设计寿命不少于10年,还可以通过维护、维修延长使用寿命。在国际空间站离轨后,中国空间站有望成为近地轨道上人类唯一的太空家园。

"天舟"货运飞船 ⁝⁝⁝⁝

"问天"实验舱 ⁝⁝⁝⁝

"神舟"载人飞船 ⁝⁝⁝⁝

"天和"核心舱

"梦天"实验舱

"神舟"载人飞船

航天名词通俗解释

1　星下点 　航天器和地球中心的连线与地球表面的交点，也可看作航天器飞行轨迹在地球表面的投影，这些点组成的线称为星下点轨迹。

2　载荷 　实现航天器主要目的的仪器、设备、生物等，如遥感卫星的有效载荷是相机，"祝融号"火星车的有效载荷是探测火星的科学仪器，空间站的有效载荷是做科学实验的仪器设备。

3　多余物 　指本不应出现，却还是出现在航天器结构、仪器、设备上的东西。多余物可能会造成产品失效，甚至造成航天器整体功能的失效。

4　备份 　与航天器或航天器上硬件、软件一模一样的备用品，在原产品出现问题时代替其执行任务或开展工作。

5　试验 　多指对已知事物的规律或结果验证其正确性的活动，如在航天器研制过程中要进行力学试验、热学试验等多种试验。

6	实验		科学研究的基本方法之一，与理论研究相对应，通过实际操作来检验某种自然规律或本质特征，实验比试验包含的范围更广。
7	轨道		航天器在太空中飞行的路线。环绕地球、月球、火星飞行的航天器轨道基本都是椭圆形的。
8	近地点/远地点		航天器在绕地球飞行的椭圆轨道中，距离地心最近的点为近地点，最远的点为远地点。
9	发射窗口		综合考虑各方面因素，最适合将航天器发射到运行轨道的时间范围，一般用宽窄来形容发射窗口时间的长短。
10	测控/遥测/遥控		测控是地面工作人员对航天器的跟踪、接收航天器的数据信息、发送控制航天器的命令三个行为的统称。遥测是地面工作人员接收到的航天器发送的图像、状态信息等内容。遥控是地面工作人员发送控制航天器命令的行为。

注：本名词解释仅方便文字阅读，不可作为权威解释。

01

家的演化

　　"地球是人类的摇篮，但是人类不能永远生活在摇篮里。"苏联科学家康斯坦丁·齐奥尔科夫斯基的这句名言用于描述人类航天的初心再合适不过。中国的载人航天事业走过 30 年的发展历程，从无人飞行到有人飞行，从一人一天到多人多天，再到如今我们建造的中国空间站（"天宫"）。我们太空家园的条件越来越舒适，空间越来越宽敞，功能也越来越强大。

　　1992 年，中国载人航天工程确立"以载人飞船起步，以空间站为目标，分三步实施"的发展战略。第一步是发射一艘载人飞船，完成载人航天的初步配套建设；第二步是发射短期有人照料的空间实验室，开展有一定规模的空间应用；第三步是建造空间站，开展较大规模的、长期有人照料的空间应用。

　　"在太空建家"也分为三个阶段："神舟"载人飞船既作为交通工具，也作为短期居住场所的"房车"阶段；以"天宫一号"目标飞行器、"天宫二号"空间实验室作为居住场所的"经济适用房"阶段；以中国空间站三舱组合体作为居住和工作场所的"太空别墅"阶段。距离地面数百千米的大气层外，从未知的冒险之地逐渐成为熟悉的太空居住地、实验室，其背后正是中国载人航天事业的腾飞。

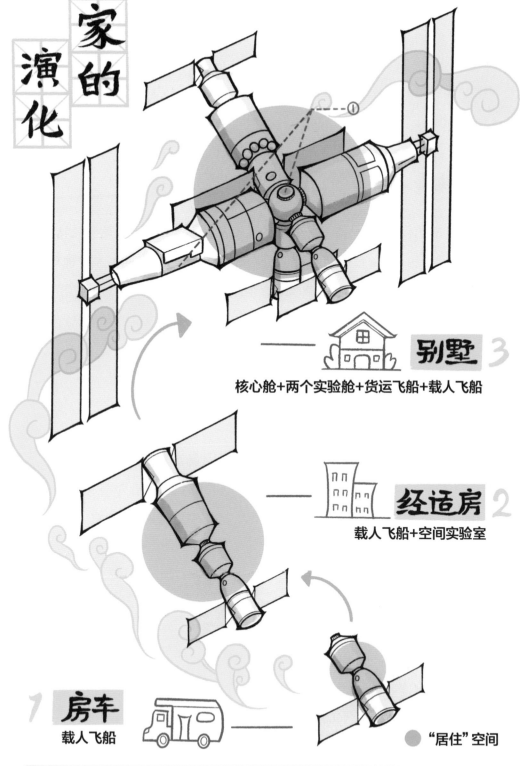

家的演化

别墅 3
核心舱+两个实验舱+货运飞船+载人飞船

经适房 2
载人飞船+空间实验室

1 **房车**
载人飞船

● "居住"空间

注：①由此出舱，进入宇宙级"无边"泳池。

第一节

家的 1.0—— **房车**

技术突破

随着技术的发展，地面上行驶的汽车从有人驾驶向无人驾驶跨越，但对于"房车"——"神舟"载人飞船来说，却是从"无人"起步。从"神舟一号"到"神舟四号"飞船，在 1999~2002 年，通过 4 次无人飞行试验，我国突破再入大气层返回、逃逸塔分离等各项载人航天基本技术，为载人飞行奠定了技术基础。

标志性任务

2003 年 10 月 15 日，航天员杨利伟乘坐"神舟五号"载人飞船，由"长征二号 F"运载火箭成功发射，在轨飞行 21 小时 23 分后安全返回，标志着我国成为继苏联、美国之后第 3 个独立掌握载人航天技术的国家。

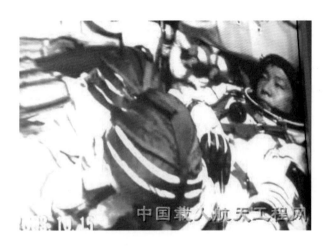

"神舟五号"载人飞船返回舱传回的正在太空中飞行的航天员杨利伟的画面。

图片来源：中国载人航天工程网

居住条件

有人才有家，"神舟五号"便成了中国人在太空的第一个家。"神舟五号"载人飞船由推进舱、轨道舱、返回舱和附加段组成。在长达 21 小时的飞行过程中，航天员杨利伟以屈腿斜躺的状态始终居住在返回舱中。即使发展到"神舟六号""神舟七号"以及后续的载人飞船，在活动空间上的扩展也不多。在"天宫一号"目标飞行器上天之前，我们的"神舟"载人飞船既是天地往返的交通工具，也是航天员在轨居住的生活场所，类似地球上的房车。一般来说，航天员在起飞和返回时待在返回舱，在轨工作生活时住在轨道舱。由于缺乏基础保障和物资补给等原因，在轨时间不宜太长。即使在"神舟六号"任务中，航天员费俊龙和聂海胜完成了从"一人一天到多人多天"的创举，在轨时间也仅有 5 天。虽然在这一阶段的居住条件跟地面相比实在算不上舒适，但由于解决了天地往返这一重要问题，使之后的一切发展成为可能。

太空生活的小思考

想要增加太空之家的"使用面积"，就得发射更大尺寸的航天器。但由于火箭整流罩内部空间有限，无法一味地增加航天器尺寸，有什么办法能够扩大我们的太空生活空间呢？

房车 户型图

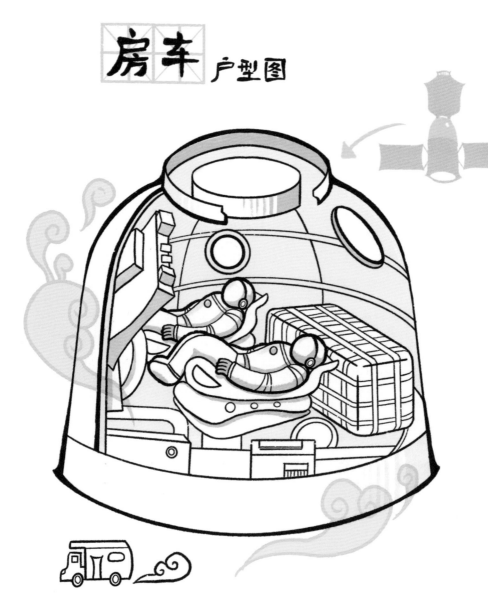

太空往返游注意事项：

1. 长途旅行如厕不便，请控制饮水和进食量。

2. 失重状态下请将您本人和行李物品固定好。

3. 飞行过程中请全程穿戴舱内航天服，防止意外失压。

第二节

家的 2.0——经济适用房

技术突破

　　为了扩展太空生活空间，在家的 2.0 时代，中国航天突破了一项关键技术——空间交会对接。这项技术使得两个航天器可以在空间轨道上会合连成一个整体，通过组接的方式不断扩展，是建设空间站和实现回收、补给、维修、航天员营救等在轨服务的先决条件。得益于空间交会对接这一关键技术的突破，在太空建设家园的思路随之变化。先发射"天宫一号"目标飞行器、"天宫二号"空间实验室作为航天员的居住场所，再用"神舟"载人飞船将航天员送达，还能通过"天舟"货运飞船运送燃料和生活物资，原来"车住行一体"的思路被打破，这样就能大幅提高航天员的居住水平。

标志性任务

2012年6月
16~29日

2013年6月
11~26日

航天员：景海鹏、刘旺、刘洋

乘坐"**神舟九号**"载人飞船与"**天宫一号**"目标飞行器完成了我国首次载人交会对接任务，成功实现了**航天员首次手控交会对接试验、航天员首次进驻目标飞行器、我国女航天员首次进入太空**。

航天员：
聂海胜、张晓光、王亚平

乘坐"**神舟十号**"载人飞船与"**天宫一号**"目标飞行器交会对接和组合体飞行，完成了**我国载人飞船的首次应用性飞行**，这期间还开展了我国首次太空授课。

天宫舱内

居住条件

"天宫一号"目标飞行器采用实验舱和资源舱两舱构型，全长 10.4 m，舱体最大直径 3.35 m，活动空间相较"神舟"载人飞船大幅提升，有效活动空间约为 15 m³，相当于一个 7 ㎡ 房间大小。资源舱主要有发动机和一些仪器设备，而实验舱主要用于航天员工作、训练及生活，是全密封的环境。

这一阶段，实验舱和"神舟"飞船的轨道舱都可以作为生活和工作的空间，而且实验舱内设有睡眠区和航天员保持骨骼强健的健身区，极大地丰富了太空居住环境。

在家的 2.0 时代，我国还突破和掌握了航天员中期驻留、货运飞船补加等空间站关键技术，为后续空间站的建造奠定了基础。

2016年

**2017年
4月20日**

9月15日
"天宫二号"空间实验室发射入轨。

10月17日~11月18日
航天员：景海鹏、陈冬
乘坐"神舟十一号"载人飞船与"天宫二号"空间实验室对接并完成了为期30天的中期驻留任务。

"天舟一号"货运飞船发射，与"天宫二号"空间实验室交会对接。"天舟一号"是我国第一艘货运飞船，在轨运行5个月，先后进行3次交会对接和3次推进剂补加，突破了推进剂在轨补加技术。

太空生活的小思考

通过空间交会对接技术，理论上我们可以不断扩展出一个无比庞大的太空组合体，那为什么我们不这样做呢？

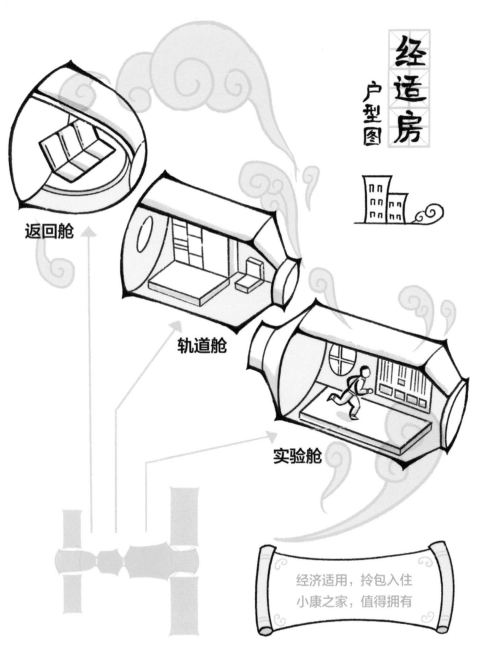

返回舱

轨道舱

实验舱

经适房
户型图

经济适用，拎包入住
小康之家，值得拥有

第三节

家的 3.0—— **太空别墅**

技术突破

从 2.0 时代向 3.0 时代跨越，得益于空间交会对接技术，我们可以继续扩展居住面积，但随着面积的增加也需要突破一大批新的技术难题，比如需要更大面积的太阳电池阵提供能源，航天员长期生活所需的水和氧气如何供应，以及如何开展舱内舱外的维修保养等。

标志性任务

2021 年 4 月 29 日，中国空间站第一个舱段——"天和"核心舱由"长征五号 B"运载火箭成功发射，同年 6 月 17 日，神舟十二号乘组先后进入核心舱，中国人首次进入了自己的空间站，这一年共有 2 艘"天舟"货运飞船和 2 艘"神舟"载人飞船先后与核心舱对接，中国载人航天开启了建设空间站的新征程，开展在轨技术验证。

2022 年 7 月 24 日，"问天"实验舱发射成功，同年 10 月 31 日"梦天"实验舱发射升空，二者与核心舱成功对接，期间"天舟"货运飞船、"神舟"载人飞船周期性执行任务，组合体构型不断变化，形成中国空间站"T"字形组合体，至 12 月 31 日，中国载人航天"三步走"最后一步完美收官，中国空间站在轨建造完成，转入应用与发展阶段，迎来新的里程碑。

居住条件

从居住面积上来看，随着"T"字形组合体的建成，航天员活动空间扩展到约 110 m 。从居住功能上看，"太空别墅"分别设立了工作区和生活区。

航天员王亚平在中国空间站"天和"核心舱。　图片来源：中国载人航天工程网（翟志刚、叶光富 摄）

工作区配备了各类先进的科学实验机柜、仪器设备；生活区拥有独立的睡眠区、卫生区、锻炼区，还配置有太空厨房和就餐区。考虑到航天员在轨需要每天锻炼，空间站配备了太空跑台和太空自行车等健身设备。考虑到航天员居住私密性和便利性，提高太空生活质量，舱内外均设置无线 Wi-Fi 网络，通过智能手机、平板电脑，实现智能家居管理、智能物资管理和天地网络通话。此外，通过各类娱乐设备、App 等，让航天员"在外出差"也能看球、追剧、听音乐，在工作之余也能放松身心。

3.0 时代的家，有了功能强大的设备、设施，有了家用汽车和货车，有了各式智能家具家电，航天员在太空过上了舒适的现代生活。

太空生活的小思考

日常生活中，乘坐民航飞机离地约 10 000 m 已经是高度的极限，并且尚在大气层以内。但空间站所在的大气层外则是另一番截然不同的景象，我们在太空安家选址的时候需要考虑哪些因素呢？

别墅 户型图

"梦天"实验舱

"天和"核心舱

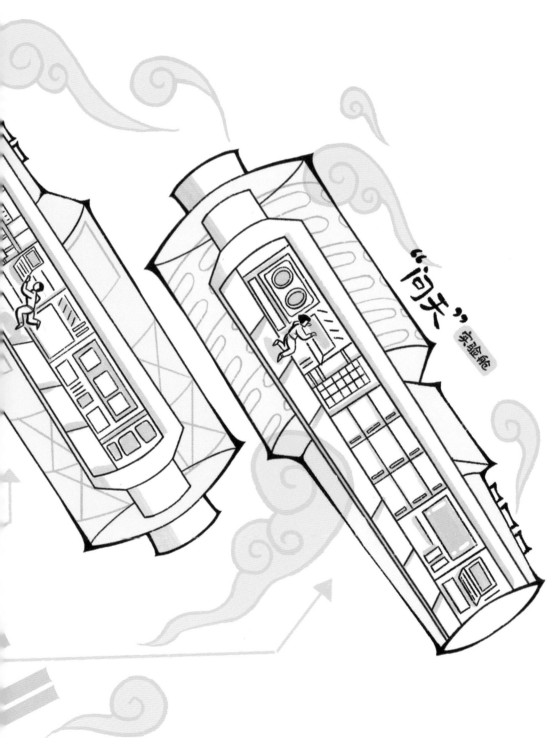

"问天"实验舱

02

家的选址

家的本意是屋内、住所，引申为安家落户、定居的意思。

在地面上，家是生活的港湾；而在太空中，家是生命的堡垒，凝结了全人类的智慧、汗水、憧憬。

地理位置——空间站的轨道设计

中国空间站运行在距离地球表面约 400km 高度的轨道上。选取这个高度涉及两条重要的线——卡门线和范艾伦辐射带，卡门线规定了空间站距离地面最近的距离，范艾伦辐射带规定了空间站距离地面最远的距离。

卡门线是航天工程学家西奥多·冯·卡门提出的，中国著名科学家钱伟长、钱学森、郭永怀都是他的亲传弟子。根据冯·卡门的计算，在距离地球 100km 以上的空间，因为大气过于稀薄，无法产生足够的升力，飞机将无法飞行。简单来说，可以把 100km 以内定义为航空，而 100km 以外定义为航天。目前，国际航空联合会已经将 100km 的高度定义为大气层和太空的界线，距地面 100km 就是"卡门线"。

作为在宇宙中翱翔的空间站，毫无疑问，其选址必须要大于 100km，那是不是越高越好呢？答案是否定的。空间站不能超过 600km 的高度，因为那里有另一个约束条件——范艾伦辐射带。

范艾伦辐射带是美国物理学家詹姆斯·范艾伦于 1958 年发现并以他的名字命名的，分为内带和外带，内带为距离地球 600~5000km 的外层空间，外带为距离地球 13 000~20 000km 的外层空间。其中存在着大量被地球磁场俘获的高能粒子，这些高能粒子会对飞行器造成较大的危害，为了保证空间站和航天员的安全，空间站不宜建在 600km 以外的宇宙环境中。

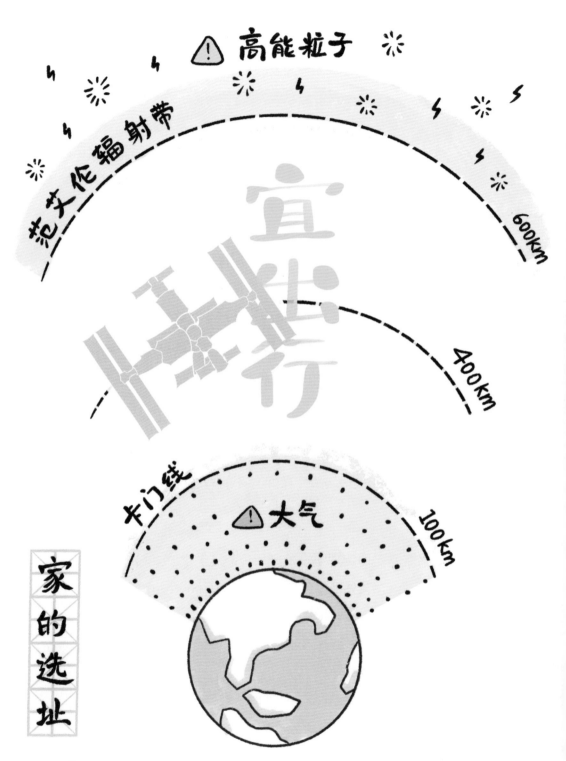

因此，中国空间站的选址位置缩小至距地球表面 100~600km 的范围。锁定了这个范围，最终选择什么样的高度需要用系统思维来综合考虑。

首先，轨道不是越高越好。选择轨道需要结合任务目标综合考虑火箭运力、航天器质量等因素。轨道高度越高，同样运力的火箭能够分给"乘客"的质量越小，意味着能携带的实验设施越少。比如用于发射中国空间站的"长征五号"火箭，近地轨道的运载能力为 25t，而到更高的地球同步轨道，其运载能力为 14t。为了能够开展更多空间实验，空间站需要选择合理的轨道高度。

同时，轨道也不是越低越好。在 600km 以下的轨道空间中依然存在稀薄的大气，而且距离地球越近，大气密度越大。依据万有引力公式，距离地球越近，地球对于空间站的引力也就越大。在过低轨道停留时间过长，空间站受到大气阻力和地球引力的共同作用，轨道就会降低，这样就需要使用更多的燃料来维持轨道的高度，从而影响空间站的运行寿命。

因此，设计师综合考虑后的"最佳选址"是距离地球表面约 400km 的近地轨道，这一高度可以有效规避上述各种问题。

"宇宙速度" 小课堂

牛顿定律解释了抛物线运动。

将物体抛向空中，它的上升速度会因重力而减小，当到达最高点时就开始回落；如果将物体水平抛出，由于重力的作用，物体也会下落，且因为只受重力作用，运动方式为匀加速运动，物体抛射的初速度越大，单位时间就飞得越远。

同时，已知地球是一个椭圆形球体，当物体初速度足够大，且下落的抛物线与地球球体的弧度一致时，物体就开始绕地球飞行，成为地球的一颗卫星，这个初速度就是第一宇宙速度 7.9km/s。而超过第二宇宙速度 11.2km/s 的物体将摆脱地球去往其他星球，超过第三宇宙速度 16.7km/s 时，物体将飞出太阳系，飞往更遥远的深空。

宇宙速度
小课堂

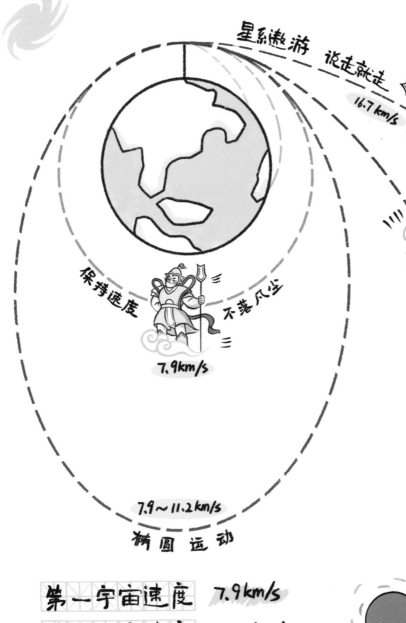

星系遨游 说走就走 **16.7 km/s**

保持速度 不落风尘 **7.9km/s**

太阳系内 玩转乾坤 **11.2 km/s**

7.9～11.2 km/s 椭圆运动

第一宇宙速度	7.9km/s
第二宇宙速度	11.2 km/s
第三宇宙速度	16.7 km/s

第二节

周边环境—— 空间环境、国际友邻

  轨道是航天器飞行的轨迹。一般来说，围绕地球飞行的航天器，主要的轨道类型有 3 种，分别为近地轨道、中地球轨道和地球同步轨道，从名称上就可以比较直观地了解它们的区别。

  近地轨道高度约为 2000km 以下，绝大多数遥感卫星、空间站以及一些新的通信卫星系统都选取了这一轨道范围。

  中地球轨道高度为 2000~36 000km，中国的大部分"北斗"导航卫星、美国的 GPS 和俄罗斯的格洛纳斯这类导航卫星都处于此类轨道。

  地球同步轨道高度为 36 000km，在这个轨道上的卫星其运行的角速度等于地球自转的角速度，因此可以与地球保持相对静止。地球同步轨道上遍布着各类气象、广播电视、通信卫星，为中国空间站提供数据中继的"天链"卫星就处于此类轨道。

  中国空间站属于近地轨道航天器，它面临着怎样的空间环境，又与哪些航天器比邻呢？

  中国空间站所处的 400km 轨道虽然已经超越了卡门线，但仍然存在稀薄大气。根据距离地球表面的高度不同，可分为对流层、平流层、臭氧层、中间层、热层和散逸层，飞机一般就是在对流层和平流层飞行，而中国空间站处在热层。

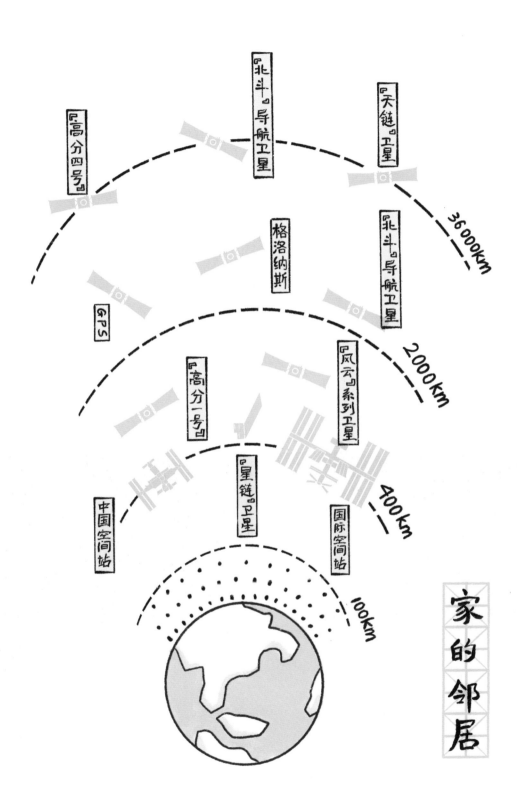

「高分四号」

「北斗」导航卫星

「天链」卫星

36000km

格洛纳斯

「北斗」导航卫星

2000km

GPS

「高分一号」

「风云」系列卫星

400km

中国空间站

「星链」卫星

国际空间站

100km

家的邻居

热层是指距离地球表面 85~500km 的大气层，从 85km 开始，大气温度会迅速增加，所以这一层被命名为热层。

热层有几个明显的特征：首先是在日照区温度极高，在阴影区温度又很低，昼夜温差变化大，而且温度随高度增加而迅速增加，层顶温度可达上千摄氏度；其次是大气十分稀薄，在 300km 的高度上，空气密度仅及地面的千亿分之一，再向上空气就更稀薄了；第三是电离现象非常明显，热层的大气分子吸收了太阳的短波辐射后，其电子能量增加，部分气体电离形成了等离子体，可以反射无线电波，因此它又被人类利用来进行远距离无线电通信。

极光这一非常壮美的景观也与热层有着紧密联系，太阳剧烈活动放出的带电粒子到达地球附近后，在地球磁场的作用下沉降到两极上空，与大气中的分子或原子产生激烈的碰撞，就会产生"可见光"，这就是极光了。

极光与地球的气光盎然相交。 图片来源：NASA

在相邻的近地轨道上，中国空间站周围有低轨遥感卫星、低轨通信卫星以及国际空间站。其中，低轨遥感卫星为了拍摄出更加高清的图片，自然是选择距离地球表面更近的位置。而当前以美国"SpaceX"公司的"星链"为主的低轨通信卫星，为了降低成本、提高卫星通信效率、减少通信时延，也选择了近地轨道。

历史上各国的空间站和中国空间站都处在基本一致的轨道高度，其中像苏联的"礼炮号""和平号"空间站和美国的"天空"实验室都已退出太空"舞台"。由美国国家航空航天局、俄罗斯联邦航天局、日本宇宙航空研究开发机构、加拿大空间局等16国机构共同研制的国际空间站，从1998年开始建设，到2010年完成建设任务转入全面使用阶段，目前仍在运行。

第三节

交通方式——
发射场、发射路径、返回路径的选择

前往空间站一去一回的行程，饱含着设计人员的智慧。去程脱离地球引力到达第一宇宙速度主要依靠火箭托举，进入太空后，航天器与火箭分离，后半程的路由航天器独自飞行进入预定轨道。而回程靠的是"神舟"载人飞船的返回舱穿越大气层上千摄氏度的高温，重新拥抱重力返回地面。

1. 合适的发射场

建设中国空间站需要用到两个发射场，分别是海南文昌航天发射场和甘肃酒泉卫星发射中心。海南文昌航天发射场用于发射"天和"核心舱和"问天""梦天"两艘实验舱，以及"天舟"货运飞船；甘肃酒泉卫星发射中心则用于发射"神舟"载人飞船。

海南文昌航天发射场是我国唯一的滨海发射场，也是我国目前可以发射火箭的备选地点中距离赤道最近的地方。选择这里的优势在于，在地球自转角速度一致的情况下，距离赤道越近，地球自转的线速度就越大，这样可以为航天器的发射提供更多的初始速度，意味着航天器花费更少的燃料就可以进入预定轨道。除此之外，选择海南文昌航天发射场还有一个非常重要的考虑因素——运输。内陆发射场的火箭运输需要依靠火车，这就导致火箭的外形尺寸会被火车穿梭的山洞大小所限制，无法运输较大尺寸的火箭；而海南文昌航天发射场可以使用海运的方式来运输火箭和航天器，用船作为运输工具，尺寸的约束相对会小一些。目前我国运力最强的"长征五号"运载火箭和未来运力更强的重型运载火箭也都选择在海南发射。

甘肃酒泉卫星发射中心是航天员启程的地方。为了保证航天员的绝对安全，发射"神舟"载人飞船的"长征二号F"是现役所有火箭中唯一具有逃逸救生功能的火箭，虽然这项功能从未启用过，但是载人航天关乎航天员的生命安全，必须做到万无一失。逃逸救生功能需要整个发射场协同配合才可以完成，甘肃酒泉卫星发射中心周围是广阔无垠的沙漠，遭遇紧急情况时航天员可以在逃逸塔的帮助下降落在沙漠中。

海南文昌航天发射场

用途

发射：
"天和"核心舱
"问天""梦天"实验舱
"天舟"货运飞船

特点

我国唯一的滨海发射场
我国距赤道最近的火箭发射备选点

优势

为航天器发射提供更多初始速度
可用海运方式运输火箭和航天器

甘肃酒泉卫星发射中心

用途

发射：
"神舟"载人飞船

特点

发射"神舟"飞船的"长征二号F"
是唯一具逃逸救生功能的现役火箭

优势

发射中心周围是广阔无垠的沙漠，
紧急情况时，航天员可在逃逸塔的
帮助下降落在沙漠中，以便于救援

酒泉卫星发射中心。（李明 摄）

海南文昌发射场。（李明 摄）

2. 合适的发射路径

选好了合适的发射场，还需要选择合适的发射路径。从地面去往太空不是简单的两点之间直线最短，而是需要围绕地球飞行，不断提升高度才能到达预定轨道。随着技术的快速进步，目前我国已经具备了航天器快速交会对接的能力，那到底什么是快速交会对接呢？

快速交会对接的"快速"两个字，最直观的体现是在从地球表面发射飞船到达空间站的时间从 2 天变成 最短 2 小时自主快速交会对接，这中间节省的 40 多小时去哪了？想搞清楚这一点首先要了解在宇宙中交会对接是怎么实现的。

飞船与空间站的交会对接实际上是一个不断追赶的过程。飞船的入轨轨道高度低于空间站的运行高度，具有更快的飞行速度。追逐飞行的过程中，飞船通过轨道控制逐渐提高轨道高度，降低飞行速度，消除火箭入轨偏差，最终达到与空间站相同的位置和速度，从而实现了交会。要做到快速交会对接需要掌握两个关键词。

第一，自主控制。传统交会对接技术需要由地面飞行控制人员进行测定轨、计算生成轨道控制参数及飞行程序，在飞船经过地面站和中继卫星的测控范围时发送给飞船，再由飞船完成后续动作。为了保证交会对接全程可控可通信，确保交会对接过程的安全，**整个过程需要将近 2 天的时间。**这样，不仅需要地面大量的飞控人员参与，也增加了航天员的飞行时间。

而快速交会对接得益于国产芯片、"北斗"导航卫星、"天链"中继卫星的全面使用，可以完全由飞船上的计算机自主运算，无须地面干预。每次轨道机动前仅需几分钟至十几分钟的准备时间，最终只需要在入轨后的连续 3 个近地点和远地点做 3 次轨道机动就可以完成。飞行距离比传统交会对接时大大缩短，时间自然节省很多。

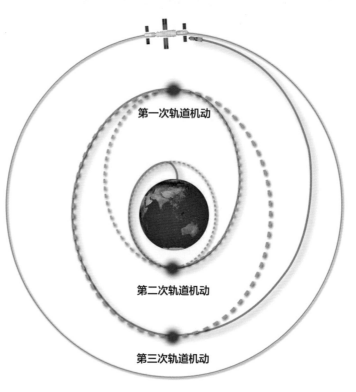

"神舟"飞船通过 3 次轨道机动实现与中国空间站快速交会对接。

第一次轨道机动

第二次轨道机动

第三次轨道机动

第二，完美的时机。空间站在轨飞行形成了一个轨道面，发射场随着地球自转也在不断移动着。当空间站的轨道面经过"神舟"飞船发射点，也就迎来了发射窗口。在此时机发射"神舟"飞船，执行交会对接任务，能够减少轨道修正，从而节省飞行时间和燃料。

由传统交会对接升级为快速交会对接，最直观的好处就是航天员乘坐飞船的时间减少，好比绿皮火车换高铁，旅行体验感将大幅提升。

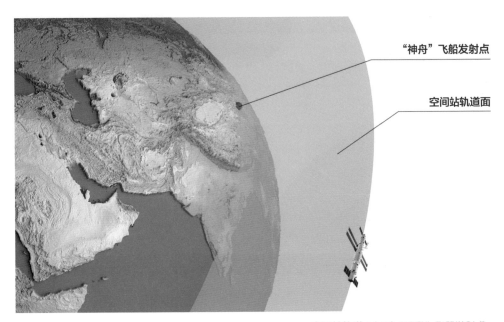

"神舟"飞船发射点

空间站轨道面

空间站轨道面经过"神舟"飞船发射点。

3. 合适的返回路径

"神舟"载人飞船是航天员往返于中国空间站和地面的"官方指定用车"。返回前，航天员从核心舱的节点舱进入"神舟"载人飞船的返回舱，随着飞船与节点舱分离，返回之旅正式启动。随着技术的发展，从"神舟十三号"开始，返回时间由原来的一天缩短至不到9小时。

返回时机

飞船在太空飞行时，轨迹是从西南向东北方向，绕着地球重复转圈；同时，地球在自西向东自转，载人飞船在地球表面留下类似于 "〜" 形曲线的星下点轨迹。随着飞船绕地球飞行圈次的增多，载人飞船在地球表面的 "〜" 形曲线轨迹会自东向西移动，与地球自转的方向刚好相反。当飞行圈次增加至 "〜" 形曲线刚好经过地面着陆区时，飞船离开轨道返回地球。

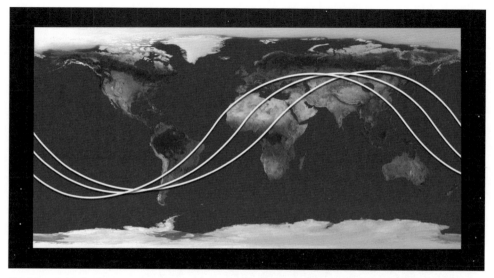

"神舟" 飞船的 "〜" 形星下点轨迹曲线，图中红点为轨迹经过着陆区。

返回过程

飞船通过变轨降低轨道高度，使飞船返回舱冲入地球大气层。与民航客机飞行的原理类似，返回舱在大气层内飞行时，会受到空气动力产生的升力，在返回舱高度下降的过程中，升力托举着返回舱飞行。

返回舱在各个方向都安装了发动机，在下降飞行过程中，通过发动机喷气，可以实现顺时针和逆时针两个方向的舱体转动，从而改变返回舱受到的升力的大小和方向，沿着通向落区的"⌒"形曲线调整飞行航向，飞向预定的着陆区。

飞船穿越大气层时，返回舱与大气层产生剧烈的摩擦，使得舱外温度高达上千摄氏度，犹如一个熊熊燃烧的火球冲向地面。依靠返回舱外部的"防热外衣"在熔化、蒸发和分解时带走大量热能，阻隔高温进入舱内，从而确保舱内温度保持在 20 多摄氏度。

经过气动减速、降落伞减速，最后在即将抵达地面时，位于返回舱底部的反推发动机同时启动，最终，飞船返回舱稳稳着陆。

"神舟"飞船返回舱降落在四子王旗航天着陆场。　图片来源：中国载人航天工程网

着陆场选择

以往"神舟"载人飞船的返回地点都位于内蒙古中部乌兰察布市四子王旗的航天着陆场。自"神舟十二号"开始，载人飞船的返回地点由四子王旗航天着陆场调整到酒泉卫星发射中心附近的东风着陆场，从哪出发回到哪儿。

03

第三章

家的构成

　　中国空间站的建设好比在太空建别墅，核心舱和两个实验舱组成的"T"字形组合体是房屋主体；核心舱的节点舱和尾部是泊车位，有时停"客车"，有时停"货车"；机械臂相当于建设中用的吊车，协助建设的同时帮助托举航天员到室外工作；"巡天"空间望远镜相当于在别墅外放了一台家用望远镜，定期还可以拿回家保养。

　　接下来，让我们一起走进太空家园。

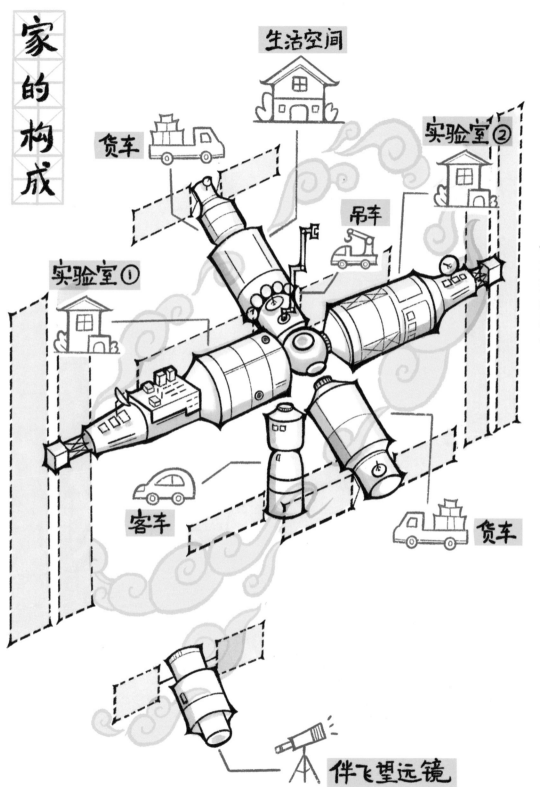

家的构成

生活空间

实验室②

货车

实验室①

吊车

客车

货车

伴飞望远镜

第一节

家的中枢——"天和"核心舱

　　"天和"核心舱是中国空间站的控制中枢，负责统一管理空间站的飞行姿态、轨道控制、载人环境、信息及能源，具备交会对接、转位与停泊、乘组长期驻留、航天员出舱、保障空间科学实验等能力，是航天员主要的工作与生活场所。通过与扩展舱对接，还可以拓展更多接口，不断增加空间站的规模。

1. "天和"档案

　　核心舱由节点舱、小柱段、大柱段、后端通道及资源舱组成，配置大型机械臂，轴向长约 16.6 m，结构外径约 4.2 m，发射质量约 22.5 t。

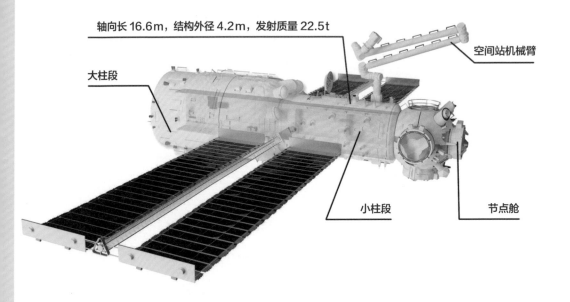

轴向长 16.6 m，结构外径 4.2 m，发射质量 22.5 t

大柱段

空间站机械臂

小柱段

节点舱

2. "天和"的使命

第一，空间站的建设中枢。核心舱是目前整个空间站唯一能够对接其他来访航天器的舱段，一共有 5 个位置可与其他航天器对接，其中有 4 个位于前方节点舱，1 个位于后方大柱段。2 个对接口是"问天"实验舱和"梦天"实验舱的永久停泊位，另外 3 个对接口可停放飞船和其他来访航天器。同时，航天员还可以通过节点舱出舱活动。

第二，空间站的运动中枢。核心舱负责协调整个空间站的轨道和姿态控制，可以融合使用整个空间站的动力系统，控制空间站组合体保持轨道高度，躲避空间碎片的撞击。通过"天和"机械臂，核心舱可以辅助其他舱段转位对接。

第三，空间站的神经中枢。核心舱负责统筹空间站的各项资源，与"北斗"卫星和"天链"卫星在太空构建空间站信息网；同时，基于网络技术，进行空间站各舱段及来访航天器的信息管理与共享。

3. "天和"的巧设计

核心舱为什么是一头粗、中间细的造型呢？其实这取决于火箭头部整流罩的空间。"天和"核心舱圆柱体的造型刚好包在整流罩内，可充分利用空间；同时，中间较细的小柱段为收拢状态的太阳翼和机械臂留出了空间。此外，在核心舱后向位置设计了方便"天舟"货运飞船在轨补加推进剂的对接口，必要的时候还能合理利用货船的发动机进行调姿变轨，为空间站组合体节省燃料。

第三章　家的构成

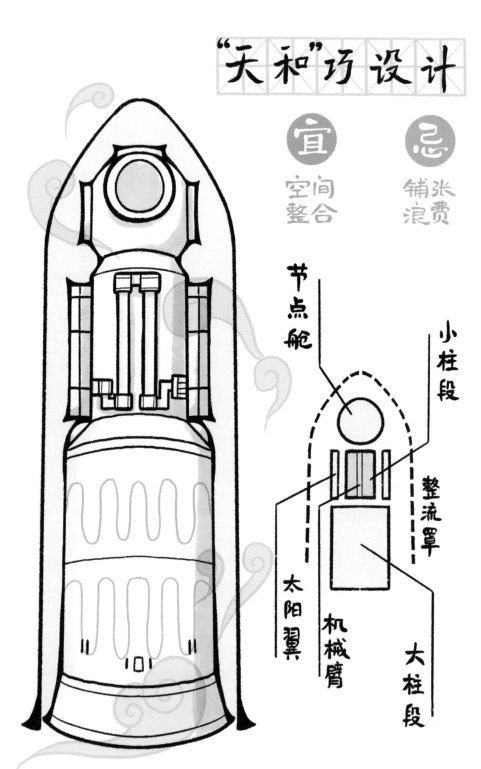

"天和"巧设计

宜　　忌

空间
整合

铺张
浪费

节点舱

小柱段

整流罩

太阳翼

机械臂

大柱段

第二节

家的守护——"问天"实验舱

"问天"实验舱与核心舱的节点舱的侧向停泊口对接，主要任务是开展舱内和舱外空间科学实验和技术试验，也是航天员的工作生活场所。

1. "问天"档案

"问天"实验舱由工作舱、气闸舱及资源舱组成，轴向长约 17.9 m，结构外径约 4.2 m，发射质量约 23 t。

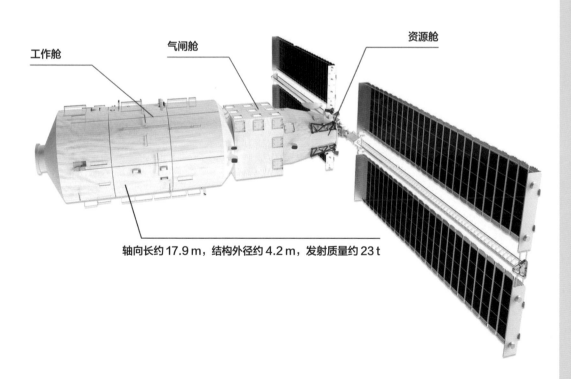

工作舱　　　气闸舱　　　资源舱

轴向长约 17.9 m，结构外径约 4.2 m，发射质量约 23 t

2. "问天"的使命

"问天"实验舱内部设置有科研机柜装载空间，同时支持安装舱外载荷，利用高真空、微重力、宇宙辐射等空间环境条件，以及有人参与的优势，成为开展空间物理学、流体力学等基础科学和先进技术开发的绝佳实验平台。充裕的内部空间还将用于存放维修备件、消耗品，以及"天舟"货运飞船上行运输的补给物资；同时，舱外还有一套用于操作舱外载荷的机械臂，它可以与核心舱主机械臂协同工作。

3. "问天"的巧设计

"问天"实验舱从配置上来说像是核心舱的"孪生兄弟"，同样配备工作区、睡眠区、临时就餐区、卫生区和锻炼区，配置了 3 个睡眠区和 1 个专用卫生间，加上核心舱的"三室一厅"，可同时为 6 名航天员提供舒适的睡眠环境和卫生环境；同样配备了航天员的出舱口，与"天和"核心舱出舱口互为备份；并配备了机械臂，可以与核心舱和机械臂对接形成组合臂。

更为关键的是，"问天"实验舱拥有核心舱多项关键平台功能，具备空间站组合体统一管理和控制能力。这意味着，当核心舱某些关键功能失效时，"问天"实验舱可以肩负起对整个空间站的管理和控制的任务，确保空间站各项工作继续有序开展，保障航天员的生命安全。

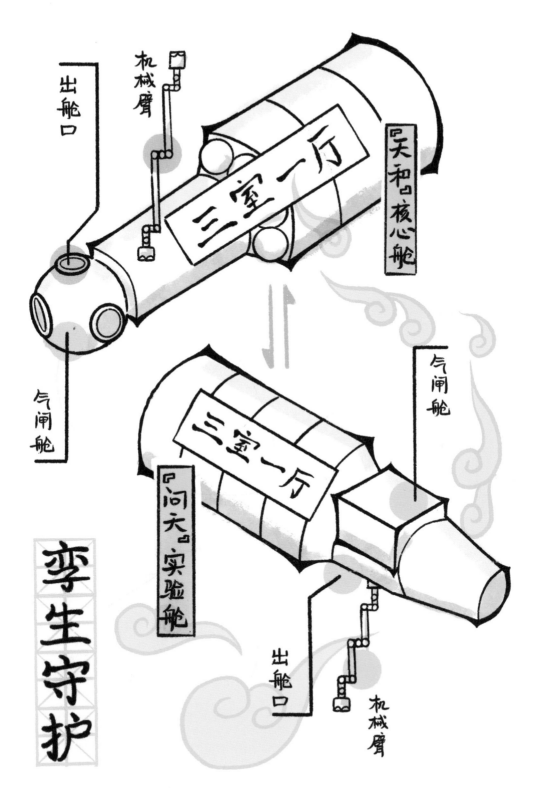

出舱口

机械臂

三室一厅

"天和"核心舱

气闸舱

气闸舱

孪生守护

三室一厅

"问天"实验舱

出舱口

机械臂

第三节

家的实验室——"梦天"实验舱

　　"梦天"实验舱位于核心舱的节点舱上与"问天"实验舱相对的停泊口，具备和"问天"实验舱类似的功能。该舱配置有货物专用气闸舱，在航天员和机械臂的辅助下，支持货物、载荷自动进出舱。

1. "梦天"档案

　　"梦天"实验舱由工作舱、气闸舱及资源舱组成，轴向长约 17.9 m，结构外径约 4.2 m，发射质量约 23 t，和"问天"实验舱基本一致。

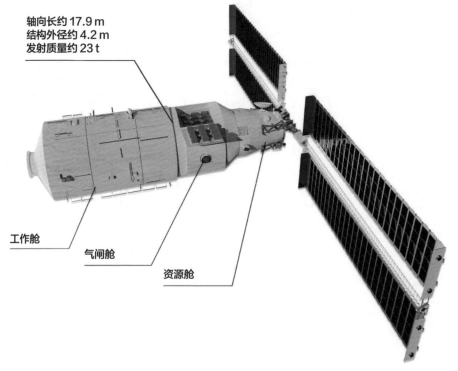

轴向长约 17.9 m
结构外径约 4.2 m
发射质量约 23 t

工作舱

气闸舱

资源舱

2. "梦天"的使命

"梦天"实验舱提供了更多的科研载荷空间。它的一大特色是提供了可展开的舱外实验平台，同时具备货物气闸舱，舱外实验设备可由此处转运至"室外"。

3. "梦天"的巧设计

舱外实验

舱外环境对于人类来说是极端恶劣的，但对于前沿科学研究却是理想的"沃土"，在航天工程材料、电子元器件、生物学、空间物理学等领域都有广泛的实验需求。通过将实验设备直接暴露于空间环境中，经受微重力、高真空、空间辐射、高低温交变、原子氧、微流星等各种极端环境，能够获得宝贵的实验数据。

"梦天"实验舱的舱外"阳台"

"梦天"实验舱为舱外实验设备提供了展开式暴露实验平台，相当于家里的阳台，而舱外实验设备相当于挂在阳台上的衣服。晾好的衣服怎么取回室内呢？有以下两种方法：

一种是由航天员在执行舱外活动时进行舱外载荷的安装或回收，比如在"神舟七号"首次太空出舱活动中，航天员翟志刚就从轨道舱外取回了进行暴露实验的固体润滑材料。

另一种是通过货物气闸舱实现实验设备自动进出空间站。货物气闸舱配置有内舱门与外舱门，内舱门开启时，货物气闸舱与"梦天"实验舱的密封舱连为一体，航天员可在密封舱内将设备悬挂在平台上，外舱门开启后，货物气闸舱如同家里的"自动晾衣架"，将实验设备暴露于舱外空间。此外，暴露在舱外空间的实验设备还可由机械臂进行照料管理。

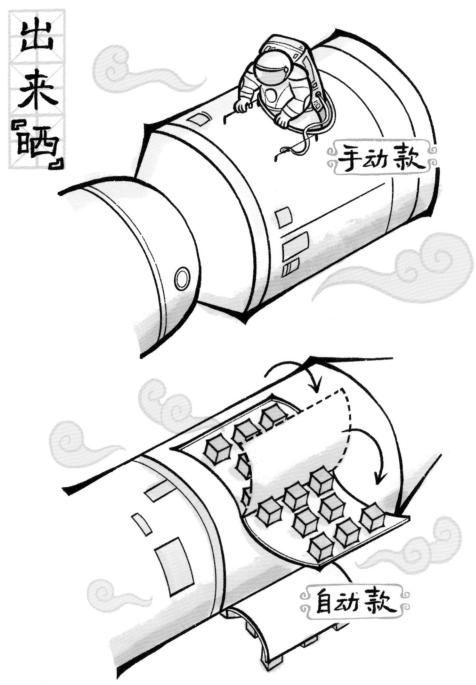

家用汽车——"神舟"载人飞船

"神舟"载人飞船是航天员往返太空家园的交通工具，一次最多可以搭乘 3 名航天员，可以停泊在核心舱的节点舱的前向和径向两个对接口。

1. "神舟"档案

　　"神舟"载人飞船由 3 个舱段组成，分别是轨道舱、返回舱和推进舱，全长约 8 m，最大直径约 2.8 m，发射质量约 8 t。

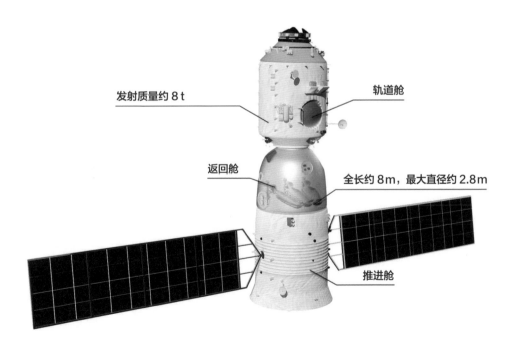

发射质量约 8 t

轨道舱

返回舱

全长约 8 m，最大直径约 2.8 m

推进舱

2. "神舟"的使命

"神舟"载人飞船从起飞到返回前都保持着三舱组合的状态，其中轨道舱是飞船独立飞行期间，航天员在太空的工作和生活舱，同时也是与空间站进行交会对接的对接舱；返回舱是飞船的驾驶控制舱，控制飞行的运行轨迹、姿态、天地信息流和所有重大动作，同时也独自运送航天员安全返回地球；推进舱是能源与动力舱段，它通过太阳能帆板发电为飞船提供电能，同时提供轨道控制、姿态控制所需的推力。

返回地球时，返回舱先后与轨道舱、推进舱分离，通过其自身特殊的气动外形，返回舱能够以稳定的姿态在大气层中飞行。同时，在其外表面防热结构的保护下，它能够承受再入大气层过程中产生的上千摄氏度高温，安全穿越浓密的大气层，最终在距离地球表面数千米的高度打开降落伞，保障航天员安全着陆。

3. "神舟"的巧设计

为了保障航天员的生命安全，设计人员给航天员设置了七重保险。

第一，发射段。如果火箭出现失火、爆炸或其他意外故障，"神舟"飞船在其上部逃逸塔的帮助下，可以迅速将航天员带离危险区，并在自身降落伞的帮助下安全着陆。就像战斗机在遇到紧急重大危险情况时，飞行员可以被应急弹射出去一样。

第二，自主飞行段。当发生威胁航天员生命的舱内失火、舱内失压等紧急故障时，"神舟"飞船可以随时应急返回地球。

第三，与空间站自动交会对接段。如果发生相对位置、相对姿态的测量控制设备故障，导致不能进行自动对接时，可转由航天员手动控制飞船，通过摄像机图像，观察空间站对接十字靶标，进行手动对接。

第四，停靠空间站期间。当空间站发生严重威胁航天员生命的事故，导致不能继续进行组合体飞行时，"神舟"飞船可以随时紧急撤离空间站，并安全返回地球。"神舟"飞船因各种原因不能返回地球时，地面会发射应急救援飞船，在最短的时间内实施救援行动，以确保天上航天员的安全。

第五，与空间站分离后。当返回地球降落的时候，"神舟"飞船配置了两套降落伞，当一套出现问题时，另一套降落伞可以随时启用。

第六，飞行全过程。所有关系航天员生命安全的关键、重大动作和事件，"神舟"飞船都有多重控制手段，比如船箭分离、太阳帆板展开、舱段分离等关键动作，都设置了船上计算机自主控制、地面人员远距离控制以及航天员手动控制等措施，以确保万无一失，保障航天员的生命安全。

第五节

家用货车——"天舟"货运飞船

"天舟"货运飞船可以停靠在核心舱的后向对接口和节点舱前向对接口，负责向空间站运送航天员在轨期间需要的食物、水、氧气等生存必需品，以及开展各项科学实验所需的设备和材料。

1. "天舟"档案

"天舟"货运飞船由货物舱和推进舱组成，总长约 10 m，舱体最大直径 3.35 m，起飞质量约 13 t，物资运送能力超过 7 t，具备推进剂补加能力，设计寿命大于 12 个月。

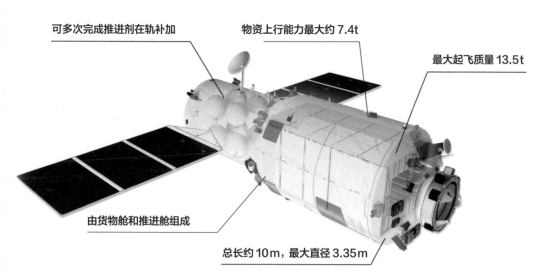

可多次完成推进剂在轨补加

物资上行能力最大约 7.4 t

最大起飞质量 13.5 t

由货物舱和推进舱组成

总长约 10 m，最大直径 3.35 m

2. "天舟"的使命

第一，动力补给站。 "天舟"货运飞船携带燃料进入太空，为空间站在轨补加推进剂。同时，"天舟"货运飞船不光是一个移动的加油站，它自己本身就是一个大型的发动机，承担着动力源的作用。停泊在"天和"核心舱后向对接口的"天舟"货运飞船可以通过启动自身发动机控制整个空间站的轨道和姿态，帮助空间站节约燃料资源。

第二，物资补给站。 "天舟"货运飞船既要给空间站运送物资，包括空间站需要维修和更换的设备，做科学实验的设备和用品，还要为航天员运送工作和生活必需品，以保障空间站航天员在轨中长期驻留和工作。

第三，垃圾回收站。 为了保证航天员在轨生活环境的清洁和卫生，不受生活垃圾的侵扰，航天员会把自己日常生活产生的垃圾经过特殊的压缩、抽气、灭菌、防腐处理，形成废弃物货包，再次装载到货船指定区域。完成了补给任务后，为了减少对太空环境和地球环境的影响，"天舟"货运飞船会携带废弃物与空间站说再见，再进入大气层，大部分结构将在高温中燃烧殆尽，剩余部分将受控落入南太平洋预选着陆区。

3. "天舟"的巧设计

"天舟"货运飞船上的货包取出后，舱内储物空间可作为扩展活动区，相当于给空间站又增加了一个可以灵活调配的"储物间"，扩展了整个太空之家的"使用面积"。

前

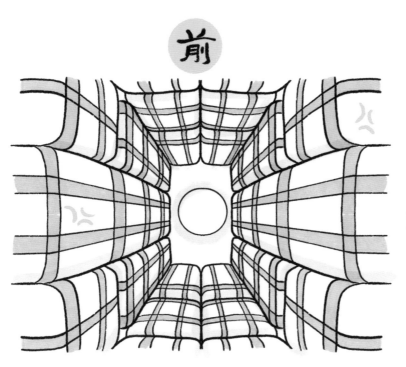

后

第三章 家的构成

第六节 天舟七号运货能力

家用吊车——"天和"机械臂

"天和"机械臂安装在核心舱小柱段，伴随着"天和"核心舱发射。它不仅拥有舱体表面爬行、舱外状态监视、舱段转位、双臂级联、载荷照料、捕获悬停飞行器等能力，还能辅助航天员出舱。"问天"实验舱上天后将携带"问天"机械臂，通过双臂组合，运动范围由 10 m 扩展到 15 m，自由度从 7 个扩展为 14 个，操作对象扩展至覆盖大、中、小型各类载荷。

1. "天和"机械臂档案

"天和"机械臂重 0.74 t，发射时位于核心舱小柱段，由关节、末端、中央控制器、相机、臂杆、适配器、操作台等组成，拥有 7 个自由度，展开后可达 10 m，承受 25 t 的重量。同时它还可以和 5 m 长的"问天"小机械臂连接成 15 m 的组合臂，在更大范围开展工作。

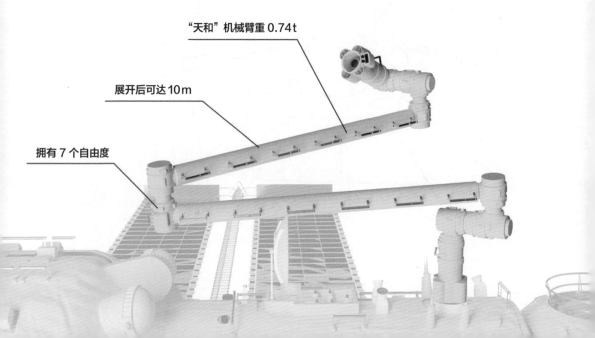

"天和"机械臂重 0.74 t

展开后可达 10 m

拥有 7 个自由度

2. "天和"机械臂的使命

第一，舱外状态监视与舱表状态检查。空间站外表面配置了许多暴露的实验载荷，时刻面临着微流星体和空间碎片撞击的危险。因此，定期对空间站舱外与舱表状态进行检查确认是机械臂的主要工作之一。为此，"天和"机械臂装备了一套视觉监视系统，在肘部、腕部各配备一台视觉相机。机械臂在舱体表面爬行时，视觉相机也会实时监视舱体表面的情况，就如同空间站伸出了一根大大的自拍杆，能实现360°全覆盖、无死角监视，非常巧妙地实现了对空间站舱外设备的巡检功能。

第二，辅助航天员出舱活动。空间站组合体规模庞大，单次出舱时间可能长达6小时。虽然空间站舱表布置了很多辅助航天员进行舱外活动的扶手，但这仅限于小范围的太空活动，需要借助"天和"机械臂实现航天员的大范围转移。航天员出舱时会携带两个关键工具——脚限位器和舱外操作台。出舱后，航天员会先将这两个工具安装在"天和"机械臂末端的固定位置上，然后便可以脚踩限位器，手扶操作台，由机械臂安全平稳地护送至目标位置。

航天员站在"天和"机械臂末端的脚限位器上开展出舱活动。

图片来源：中国载人航天工程网

第三章　家的构成

第三，开展空间站在轨建造任务。两个实验舱无法直接与核心舱的侧向停泊口对接，而是要先与核心舱的前向对接口对接，然后再转位至侧向停泊口。"天和"机械臂具备承载实验舱并实施转位对接的能力，控制精度可达到毫米级。此外，"天和"机械臂还可实现捕获悬停航天器、辅助对接、转移货运飞船载荷、辅助航天员转移大型舱外设备等一系列在轨操作功能。

3. "天和"机械臂的巧设计

"天和"机械臂采用了"腕3+肘1+腕3"的关节配置方案，机械臂通过末端执行器与目标适配器对接和分离，同时配合各关节的联合运动，就能实现机械臂在舱体上的爬行转移功能。此外，"天和"机械臂的末端上除了对接与分离的机械接口外，还供配了电源接口、通信接口和其他一系列功能接口。这样一来，只要机械臂的末端与目标适配器固连，适配器就可以为整条机械臂供电。

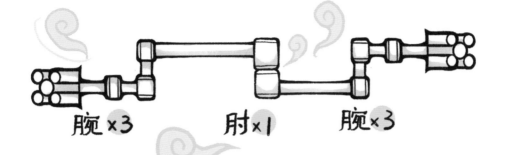

腕×3　　　　肘×1　　　　腕×3

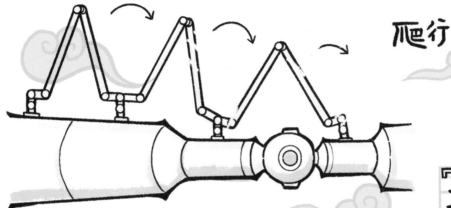

爬行

第三章　家的构成

『天和』机械臂巧设计

电源接口

通信接口

图像采集

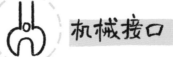

机械接口

第七节

家庭观景台——"巡天"空间望远镜

　　大气层是地球的天然屏障，但也使得天体反射的太阳光在大气层发生抖动，还会吸收多个波段的电磁波。即使在地球上性能最高的望远镜和观测设备也会受其影响，从而影响观测精度，但如果把望远镜搬到太空中，一切将"豁然开朗"。在此背景下，中国首个空间光学望远镜——"巡天"空间望远镜应运而生。

1."巡天"档案

　　"巡天"空间望远镜主镜口径为2m，在大型光学空间望远镜中首次采用二次成像离轴三反射镜系统，设计寿命10年。

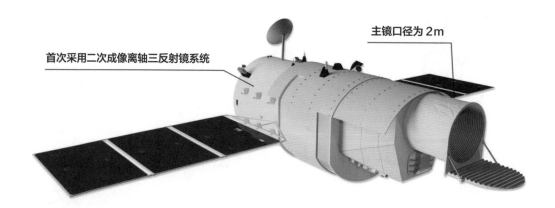

主镜口径为2m

首次采用二次成像离轴三反射镜系统

2."巡天"的使命

天文观测的初衷可以归纳为回答"我们是谁，我们从哪里来，我们要到哪里去"的终极问题。"巡天"空间望远镜的科学目标是观测天区的多色成像数据、无缝光谱数据和场深，观测覆盖了从近紫外、可见光到近红外波段。通过"巡天模式"观测宇宙学中的引力透镜效应和大尺度结构，对宇宙中的暗物质和暗能量进行研究；同时，相关数据还可以用于观测宇宙天体的形成和演化，揭示宇宙加速膨胀的奥秘。

3."巡天"的巧设计

"巡天"空间望远镜采用伴飞的方式与中国空间站共轨飞行，尾部有对接口，必要时可以与空间站核心舱对接进行在轨维护维修、推进剂补加、升级与扩展。

"巡天"空间望远镜在中国空间站建造完成后发射入轨，相较每一次维修都需要发射航天器的情况，这种共轨飞行服务模式有着明显的优势。

第三章　家的构成

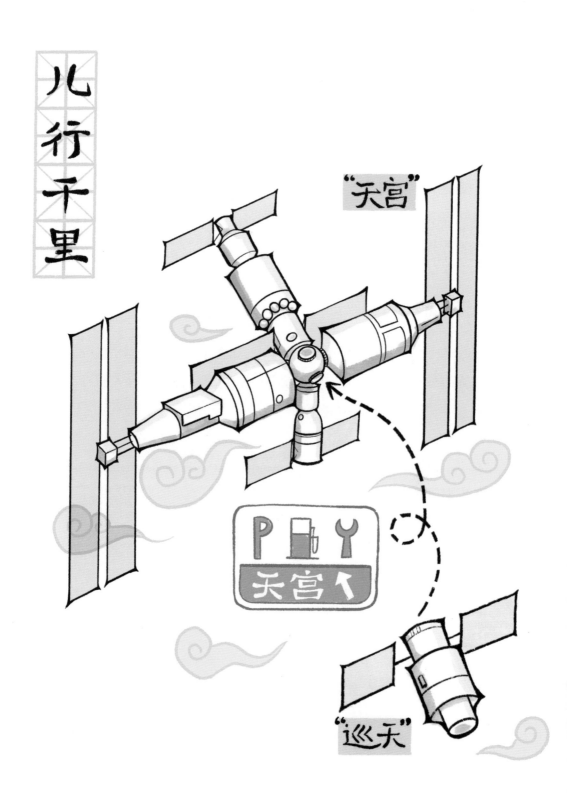

儿行千里

"天宫"

P ⛽ 🔧
天宫 ↑

"巡天"

第八节

搬家公司 ——"长征"系列运载火箭

"天和"核心舱、"问天"实验舱、"梦天"实验舱都选择的是"长征五号 B"运载火箭，"天舟"货运飞船使用的是"长征七号"运载火箭，"神舟"载人飞船选择"长征二号 F"运载火箭。为什么要如此大费周章地选择不同类型的火箭，用同一种火箭发射不好吗？

首先，选择火箭类型最主要的考量因素就是"乘客"——**航天器的质量**。对于火箭来说，运载能力越大无疑可以运输更大的航天器进入太空，或可以将航天器送入更遥远的太空，但是运载能力越大的火箭造价也越高，所以如果用运载能力太大的火箭发射一个质量较小的航天器，显然会"大材小用"。

可以把空间站上各类航天器质量与发射它们的运载火箭的运载能力做一个对比。"长征五号 B"运载火箭近地轨道运载能力为 25t，"天和"核心舱质量为 22.5t，"问天"实验舱和"梦天"实验舱的质量约 23t。"长征七号"运载火箭近地轨道运载能力为 13.5t，"天舟"货运飞船的质量也是 13.5t。"长征二号 F"运载火箭近地轨道运载能力约为 8.6t，"神舟"载人飞船的起飞质量约为 8t，做到了"箭"尽其用。

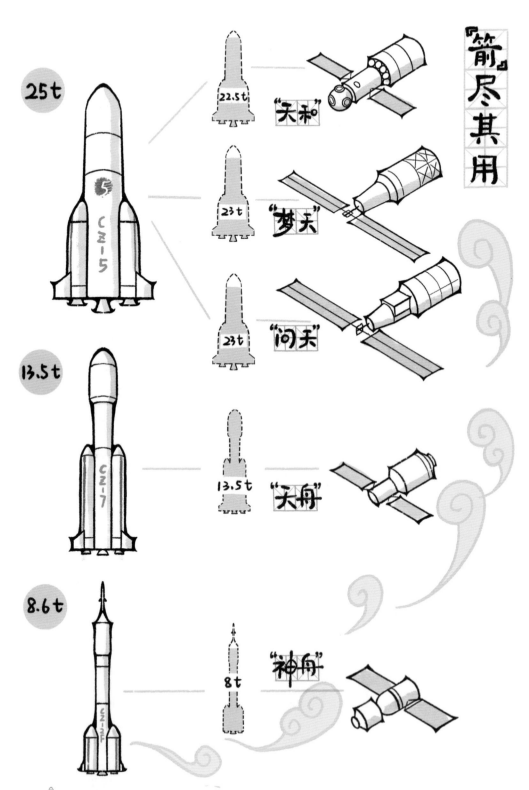

『箭』尽其用

25t　CZ-5

22.5t　"天和"

23t　"梦天"

23t　"问天"

13.5t　CZ-7

13.5t　"天舟"

8.6t　CZ-2F

8t　"神舟"

第九节

家的建设

中国空间站通过航天器交会对接不断扩展规模，最终将由核心舱、"问天"实验舱、"梦天"实验舱组成"T"字形的居住和工作空间，实现"神舟"载人飞船往返运送航天员，"天舟"货运飞船上行补充物资、处理废物，机械臂在轨辅助的繁荣景象，并作为"巡天"空间望远镜的"太空母港"，实现功能的最大化。

来看一下**中国空间站建设发射时间表**。

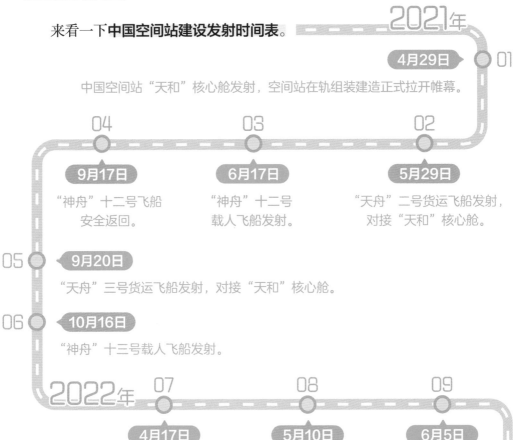

2021年

4月29日 01
中国空间站"天和"核心舱发射，空间站在轨组装建造正式拉开帷幕。

04　　　　03　　　　02

9月17日
"神舟"十二号飞船安全返回。

6月17日
"神舟"十二号载人飞船发射。

5月29日
"天舟"二号货运飞船发射，对接"天和"核心舱。

05 **9月20日**
"天舟"三号货运飞船发射，对接"天和"核心舱。

06 **10月16日**
"神舟"十三号载人飞船发射。

2022年　07　　　　08　　　　09

4月17日
"神舟"十三号飞船安全返回。

5月10日
"天舟"四号货运飞船发射，对接天和核心舱。

6月5日
"神舟"十四号载人飞船发射。

7月24日 10
"问天"实验舱发射，赢得中国空间站建造"关键之战"。

10月31日 11
"梦天"实验舱发射，中国空间站再添"新居"，建成在即。

14
12月31日
2023年新年贺词宣布
"中国空间站全面建成，
我们的"太空之家"遨游苍穹"。

13
11月29日
"神舟"十五号发射，
中国空间站首次形成
"三舱三船"最大构型。

12
11月12日
"天舟"五号发射，
创世界最快交会对接纪录。

　　空间站的建设十分复杂，但并非无迹可寻，可以从以下几个方面探寻设计者的思路。

　　第一，边建边验证。空间站的建设分为关键技术验证阶段和组装建造阶段。**为什么是核心舱先上天？**其实是空间站关键技术验证阶段需要以核心舱为对象，通过"神舟十二""神舟十三"两批航天员乘组和"天舟二号""天舟三号"货运飞船完成包括航天员出舱、转位对接等一系列试验。这些技术验证充分后再转入在轨建造阶段，开始中国空间站"T"字形组合体的建造。

　　第二，先送货再送人。古语有云："兵马未动，粮草先行。"可以把一艘货运飞船和一艘载人飞船看作一组，比如"天舟二号"和"神舟十二号"，货运飞船一般都先于载人飞船发射，以保证航天员抵达空间站时已经具备充足的物资和实验条件。

　　第三，越对称越节约。核心舱的节点舱前向和后端都可以对接来访航天器，形成前后对称。同时，节点舱两个侧向停泊口可以停泊两个实验舱，形成左右对称结构。此时，组合体质心居中更为平衡，消耗在姿态调整上的燃料就更少。

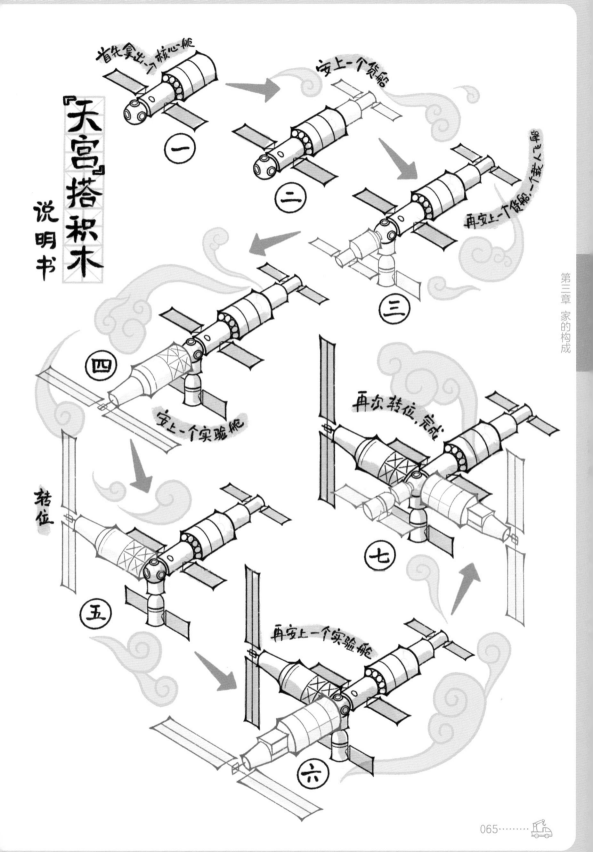

『天宫』搭积木

说明书

首先拿出一个核心舱

一

安上一个货舱

二

再安上一个货舱，一个载人飞船

三

安上一个实验舱

四

转位

五

再安上一个实验舱

六

再次转位，完成

七

04

家的装修

在太空建家是一条充满荆棘的道路，在人类征服宇宙的征程中，先后有数十位航天员献出了宝贵的生命，而为此牺牲的研制人员更是不计其数。在地面上，房屋出现漏水、断电等质量问题可以通过维修更换来解决；而在太空中，每一个细小的质量问题，甚至是一颗螺丝钉都极有可能危及航天员的生命。所以，中国空间站的建设者必须以最高的"交房标准"，精益求精、反复验证、考虑周全。

"天宫"由中国独立建造，虽由不同的舱段对接而成，却始终贯彻了各舱段、各系统"一盘棋"的总思路，实现了"1+1+…+1=1"的效果。具体表现为来访航天器与空间站组合体对接后能够共享能源、信息、热控等各个方面的资源，并将其灵活而高效地利用。中国空间站的建造是新型"举国体制"的结晶，充满了我国科技工作者自主创新、大力协同的独到智慧。

参与"天和"核心舱的部分研制人员与航天器合影。（杨卓 摄）

第一节

打造“毛坯房”——
空间站的主体结构

在地面上，毛坯房是房屋装修的基础，一个好的毛坯房一定要结实、坚固、耐用，对于太空之家来说，“毛坯房”也是后续建造的基础。

1. “毛坯房”的组成

空间站的“毛坯房”包括结构和机构两个部分，一静一动，构建起空间站的框架主体。

结构，简单来说就是空间站“毛坯房”里静止的部分，**包括外形和内部主体框架**，类似房屋的外部墙体以及内部的承重墙，将空间站隔出不同的功能分区。

机构，简单来说就是空间站“毛坯房”里动态的部分，**包括舱门等各种活动部件**，类似日常家装中的房门、衣柜铰链、窗帘轨道等。

2. “毛坯房”的设计原则

第一，轻量化。为了实现空间站功能的最大化，设计师通过先进的轻型材料、3D打印工艺、多功能结构复用等手段，对大到框体结构、小到金属配件进行减重设计，尽量控制“毛坯房”的自重，尽可能地为其装载的科学实验设备预留空间。

第二，密封性。空间站密封舱内部为温湿度适宜的大气环境，外部为充斥着高能粒子和存在空间碎片撞击、真空、高低温交变等不稳定因素的极端太空环境。为了航天员的生命安全，密封舱内外要尽可能地物理隔离。

第三，长寿命。"毛坯房"在太空环境下难以维修，需要在至少 15 年的设计寿命里保持稳固，为航天员"挡风遮雨"。

3. "毛坯房"的巧设计

太空中漂浮着大量的空间碎片、微流星体等，这些对空间站的安全来说是很大的威胁。为此，"毛坯房"还配备了一套健康监测系统，用于感知撞击、监测压力下降等异常情况。一旦密封舱遭受外力损伤，系统会告知航天员和地面飞控人员，以便于他们快速采取相关措施。

"毛坯房" 小课堂

为什么航天器内部经常会采用"镂空"的正六边形蜂巢设计？

其实这背后涉及空间站"毛坯房"的核心诉求——**轻量化**，这里面利用了正六边形的两个特点。

第一，方便均匀排布。根据正多边形内角和定理，n 边形的每一个角的角度是 $(n-2) \times 180°/n$。为了紧密排布，这个角的角度就需要是 $360°$ 的约数，只有正三角形、正方形和正六边形能满足这一条件。

第二，同等面积下周长最短。面积相同的正三角形、正方形和正六边形中，正六边形的周长最短。因此，使用正六边形结构可以最大限度节约材料，质量也相应最轻，符合轻量化的设计原则。

第四章 家的装修

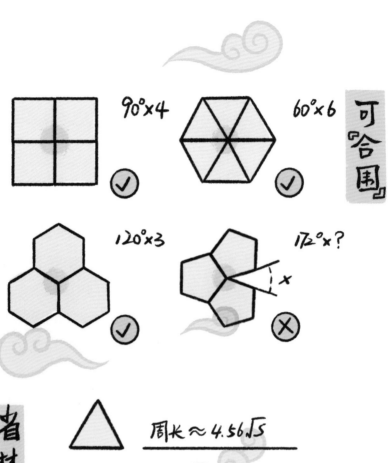

『毛坯房』小课堂

可『合围』

$90° \times 4$ ✓

$60° \times 6$ ✓

$120° \times 3$ ✓

$172° \times ?$ ✗

省材料

周长 $\approx 4.56\sqrt{S}$

周长 $= 4\sqrt{S}$

周长 $\approx 3.72\sqrt{S}$

注：取相同面积为 S，求取各个图形的周长。

第二节

铺设"强电设施"——
空间站的能量来源

在地面上，由于大气层的存在，太阳能设备的转化率较低，还会受昼夜、天气等因素的影响。但在太空中，没有稠密的大气，没有乌云蔽日，太阳能就有了大放异彩的"舞台"。因此，空间站的"强电设施"可以通过太阳获得源源不断的能源。

1. "强电设施"的组成

空间站的**"强电设施"**主要包括**太阳翼、电路和配电单元**三部分。通过太阳翼上面粘贴的太阳能电池片将太阳能转化为电能，在配电单元的统一调配下，电能通过电路源源不断地输送给空间站的各个设备。

2. "强电设施"的设计原则

第一，大面积可展收。空间站核心舱、"问天"实验舱和"梦天"实验舱各有一对柔性太阳翼。这种太阳翼具有极高的收纳比，以核心舱上的柔性太阳翼为例，单个电池片仅为纸片厚度，但随着在轨犹如"定海神针"般展开后，单翼可以达到 67 ㎡。

大圣同款

柔性太阳翼

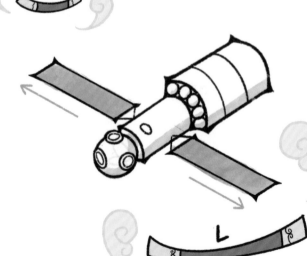

第二，就近配电。太阳翼收集的电能并不是直接传输到各个设备中使用，而是需要在电能调配控制中心进行统一分配。在空间站内，按区域分布着多个"配电箱"，按照"就近原则"分布在用电设备周围，从而减少线路损耗。

第三，安全用电。在地面上，一旦家里某个电器短路，全屋就会跳闸断电；而在太空之中，空间站无法承受整体断电的风险。因此，在设计电路时，关键设备之间尽可能不使用串联的方式；同时为了保证空间站的用电安全，每一台设备都设置了熔断器，即使某一台设备出现短路也不会影响空间站的整体供电。

3. "强电设施"的巧设计

相比于其他航天器，空间站的结构非常复杂，各舱段非常容易互相遮挡。这种状态下，如果太阳能电池片不能面对着太阳，再大的太阳翼也无法发电。苏联的"和平号"空间站由于各舱段并不在同一平面，太阳翼相互遮挡问题非常突出，因此损失了40%的发电能力。

中国空间站设计之初就考虑了这个问题，将整个空间站作为一个整体进行了细致地遮挡分析，将各舱段布局于同一平面，以减少舱体相互遮挡。通过两个实验舱对称放置，利用单舱近20m长的主结构及舱段尾部小桁架，将实验舱大面积的太阳电池翼布局于整体构型的两侧，同时配置双自由度驱动机构，使太阳电池翼能够随时保持与太阳光线垂直，保证发电效率始终保持在最高状态。当两艘实验舱发射之后，为了保证整体发电效率最优，核心舱的太阳翼将在机械臂的配合下转移到实验舱的两侧，进一步解决了实验舱太阳翼对核心舱太阳翼的遮挡问题。这样，中国空间站各舱段太阳翼能够接收到太阳光的面积得到全面优化，就可以产生更多的能量。

第四章 家的装修

中国空间站建成后在轨飞行三维模拟图。

"强电设施" 小课堂

太阳翼为什么可以发电呢?

　　太阳翼上布满了由半导体材料制作成的太阳能电池片,当太阳光照射到太阳能电池片上时,光子的能量可以被电池片中的电子吸收,吸收了足够多光子能量的电子就会从半导体表面逃逸出来,形成电子 - 空穴对,在电场的作用下产生光电流,从而将光能转化为电能,这就是半导体的光电效应。

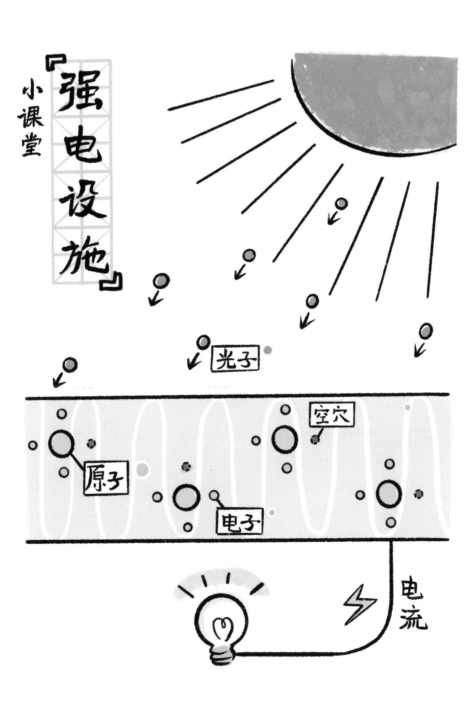

小课堂

『强电设施』

光子

空穴

原子

电子

电流

第三节

安装"空调地暖"——
空间站的温度控制

在地面上，单日昼夜温差最大的纪录是美国布朗宁在 1972 年 1 月 15 日的当天昼夜温差为 57.2℃。然而在太空之中，因为没有稠密的大气帮助抵挡太阳光，当空间站处于日照区时温度可高达 150℃，处于阴影区时温度可低至 −100℃。空间站一天会围绕地球旋转 16 圈，这意味着空间站每天都会经历 16 次这样"冰火两重天"的考验。而一墙之隔的舱内，得益于空间站的"空调地暖"——热管理系统，航天员和舱内设备才能够时刻处于适宜的温度之中。

1. "空调地暖"的组成

空间站使用了包括温控涂层、通风系统和流体回路系统等一整套热控制装置。温控涂层是空间站的"隔热服"，让空间站可以不受外部温度剧烈变化的影响；通风系统相当于空间站的"空调"，是保证空间站内气体流通交换的主要装置；流体回路系统就如同空间站的"地暖"，通过覆盖整个空间站的管路传递热量，实现空间站内整体温度的均衡。

2. "空调地暖"的设计原则

空间站主要采用"半主动控温 + 被动控温"的设计原则。被动控温依靠的是给空间站穿上"隔热服"，这件神奇的"衣服"一方面能隔绝外部环境的影响，另一方面能维持内部温度。

半主动控温则是依靠流体回路系统有组织地对空间站内的整体热量进行管理。流体回路系统的工作原理是：通过热收集器把设备产生的热量收集起来，通过管路让热量在整个空间站流动起来，通过辐射器把多余的热量排散到太空之中。当空间站内温度不足时，也可以利用这一套系统对舱内的低温区域进行补温。

3. "空调地暖"的巧设计

在整套流体回路系统中有一个核心部件——热控流体回路泵，它相当于系统的"心脏"，把用于传递热量的介质泵到空间站的各个角落。作为长期高速运转的部件，回路泵的寿命有限，需要定期进行维修更换。为此，设计师在原有舱内流体回路泵的基础上，提出了在空间站舱壁外另外安装一个流体回路泵的构想，为流体回路系统打造舱内舱外"两个心脏"，为空间站的长期稳定运行提供"双保险"。

第四章　家的装修

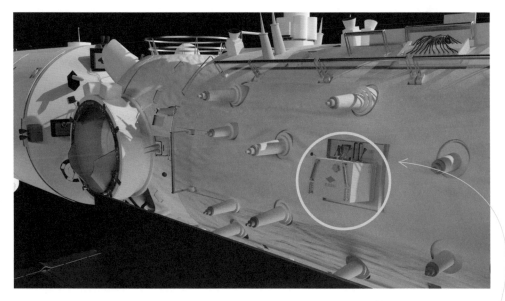

安装在核心舱壁外的流体回路泵。

舱外流体回路泵的安装极其方便快捷，通过"一钩、二锁、三通、四连"即可完成，可谓大道至简。2021年8月20日，航天员聂海胜在出舱作业时，通过以上简单四步完成了安装舱外流体回路泵的操作。

"空调地暖"小课堂

热量传递有三种方式——传导、对流、辐射。

热传导：指的是依靠物质的分子、原子和电子的振动、位移和相互碰撞而产生热量传递的方式。举例来说，给铁棒的一端加热，另一端的温度也会升高。这是因为被加热一端的原子运动速度加快，并且和周围的原子碰撞，从而完成热量的传递。热传导需要介质，没有介质，热传导就无法进行。

热对流：流体的宏观运动，即冷热流体相互掺混而发生热量传递的一种方式。这种传热方式只存在于液体或者气体中。在日常生活中，我们对着一杯热水吹气，能够加速带走热量，其背后就是热对流在起作用。

热辐射：宇宙中最常见的热量传递方式。理论上只要是自身温度大于绝对零度的物体，都会持续进行热辐射，而且热辐射的传递不需要介质，即便是在真空环境下也可以传递。比如太阳的热量通过宇宙空间传递到地球，就是通过热辐射。

『空调地暖』

小课堂

一

热传导

二

热对流

第四章 家的装修

三

热辐射

第四节

张开"天地网络"——
空间站的通信方式

空间站在太空遨游时需要与地面实时通信，航天员在太空生活时也需要与家人和地面工作人员随时联系。为此，空间站和地面站之间架设了一张看不见的"天地网络"。

1. "天地网络"的组成

"天地网络"由多个终端组成，包括空间站、"天链"通信卫星、地面测控站、测量船等，通过天线和通信链路上的数据解码、译码设备等获取、传递信息。中国空间站以核心舱的测控通信链路作为主要的天地通信途径。

2. "天地网络"的设计原则

第一，通信全球覆盖。在天地通信中，为了保障信息传递准确、及时，同时在空间站围绕地球快速飞行的过程中保持信号稳定，需要时刻处于通信状态。

第二，高速低延迟。空间站除了要实时传输遥测和图像信息，还要支持航天员在轨生活的网络需求，以及太空授课、天地通话等专项任务。目前，中国空间站向地球传输数据的速度已经达到了 1.2Gbps，几乎与 5G 通信速率一致，语音通话的时延更是在 1 秒以内，与在地球上打电话几乎没有差异。

3. "天地网络"的巧设计

空间站的天线和地面上的天线需要在彼此的测控区才能通信。可问题在于空间站和地球都在运动，怎么保证两者能够随时联络呢？

为此，设计人员围绕中国空间站建设了一张覆盖全球的"通信网络"。在地面上，有喀什测控站、青岛测控站等陆基测控站；在海面上，有"远望号"航天测量船这种海基测控站；在太空中，距离地球36 000km的地球同步轨道上运行着"天链"中继卫星、"北斗"导航卫星，可以提供稳定的大范围通信和定位支持。海陆空共同构成了为空间站服务的全方位"天地网络"，让空间站始终与地面的"家人"保持联系。

新疆喀什航天跟踪测量站（左）和航行在大洋上的"远望号"航天测量船（右）。

图片来源：中国载人航天工程网

第四章　家的装修

"天地网络" 小课堂

　　中国空间站的"天地网络"要发挥作用，离不开两个重要的数据支撑——位置和时间。这两个数据来源于"北斗"卫星导航系统。要使用"北斗"卫星导航系统为空间站定位，需要几颗卫星才能实现呢？

　　假设，空间站的空间位置坐标是（x, y, z），"北斗"卫星的已知位置是（x_1, y_1, z_1），信号传输时间是 t_1，那么空间站和"北斗"卫星之间的距离就可以通过两点间距离公式计算得出。

$$\sqrt{(x-x_1)^2+(y-y_1)^2+(z-z_1)^2}=ct_1$$

　　这个方程里有 3 个未知数，没有唯一解。如果想得到唯一解，就需要一个三元二次方程。此时，再多加两颗卫星的位置及信号传输时间（x_2, y_2, z_2, t_2）和（x_3, y_3, z_3, t_3），就有了一个三元二次方程组，从而能顺利得到空间站的位置。综上，需要 3 颗"北斗"卫星才能确认空间站的位置。

$$\sqrt{(x-x_1)^2+(y-y_1)^2+(z-z_1)^2}=ct_1$$

$$\sqrt{(x-x_2)^2+(y-y_2)^2+(z-z_2)^2}=ct_2$$

$$\sqrt{(x-x_3)^2+(y-y_3)^2+(z-z_3)^2}=ct_3$$

注：c 为光速。

　　理论上，3 颗"北斗"卫星就可以完成定位，可实际上是使用 4 颗卫星进行精准定位的，增加的这一颗则是为了确定时间。通过"头顶"飞行的 4 颗"北斗"卫星，中国空间站得以掌握自身的位置和时间信息。

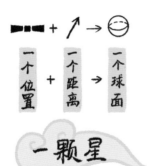

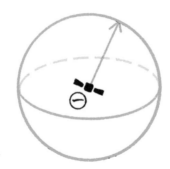

一颗星

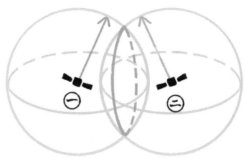

二颗星

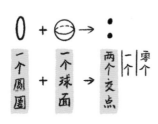

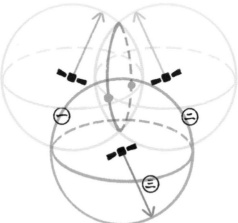

三颗星

注：实际应用中往往借助第四颗星，或者排除明显不合适的
坐标来确认待求坐标。

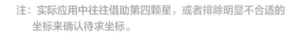

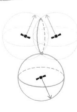

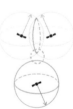

第四章　家的装修

第五节

享受"智能家居"——
空间站的现代生活

随着物联网的高速发展，智能家居应运而生，它让生活更加节能、健康、合乎心意。清晨，卧室的窗帘自动地慢慢打开；出门在外，通过手机指挥家里"大扫除"；回家前，空调已开启，房间温度已调整到舒适的温度；回到家后，灯光自动亮起、电视机打开了你喜欢的频道、音响自动播放着你喜欢的歌曲。地面上，智能家居已经重新定义了人们的生活方式；而在空间站上，依靠"智能家居"，航天员过上了更便捷的生活。

1. "智能家居"的组成

"智能家居"由空间站测控分系统统一指挥，以无线 Wi-Fi 网络和有线电缆网络为连接方式，各类交互式仪表、大小家电共同构成了全屋智能家居。

航天员可以通过手机、平板、电脑等多种设备，直接操控空间站内各类家电，了解自己的身体健康状况、空间站的运行状态，还可以看电影、听音乐、做运动，为太空生活增添色彩。

2. "智能家居"的设计原则

第一，网络"全屋"覆盖。 空间站的 Wi-Fi 网络不但在空间站内部构建起一个无线网络空间，还延伸到空间站外部，支持航天员舱外工作时的无线通信需求。

第二，设备种类齐全。空间站的"智能家居"多种多样，不仅有多功能交互式显示屏、智能手机这类控制和显示终端，还有微波炉、冰箱、跑步机等你能想到的各种生活家电。

第三，使用人性化。空间站的"智能家居"可以按照使用者的需要进行调节。比如照明的灯具可以模拟地面生活时的光照变化，设置不同的色温、亮度和照明区域，以减少航天员在太空生活的不适感，同时还能针对航天员工作、就餐、睡眠等不同场景需求，定制情景照明模式；此外，航天员可以在空间站里看电影、刷剧，随时与地面上的家人视频聊天，还可以通过手机控制各类家电。

3. "智能家居"的巧设计

空间站的设计师始终坚持"**以人为本**"的理念，为航天员构建一个安全、舒适、便捷的工作生活环境。

在空间站的舱内外分布着大量的传感器，时刻监测空间站的各项指标，比如压力传感器、氧浓度传感器、二氧化碳分压传感器、火灾监测器等。这些传感器如同航天员的眼睛和耳朵，可以随时监测空间站舱内的运行情况，通过报警的方式提醒航天员留意异常情况。

空间站内大量的仪器设备，以及舱壁电路、热控管路的运行都会产生噪声。为了让航天员拥有良好的睡眠环境，设计师用一年多的时间研发了专门的隔振器，将内部空间的噪声隔绝到舒适的范围。

"智能家居"里的小知识

在空间站上有上百个货包，为了让航天员可以方便地取用、查找货物，空间站上专门配置了一套"智能管家"系统——RFID（射频识别技术）信息管理系统。

这套系统有什么神奇之处呢？

RFID 系统主要由标签、读取器和数据库组成。每件货包根据不同的用途都会粘贴一个 RFID 标签，相比于二维码，RFID 标签不但存储的数据更多，而且有内置天线，可以发射信息。这样，航天员就可以用 RFID 的专用读取器对一定范围内区域的货物进行识别，而不需要像二维码那样必须一对一地扫描，节约了找东西的时间。

这种技术在我们身边应用得非常广泛，从物流行业的货品管理，到超市的商品管理，在 RFID 的帮助下，物品的数量统计将更精准、更高效。此外，常见的无人值守便利柜中货物拿出来后就自动结算，用的也是这种技术。

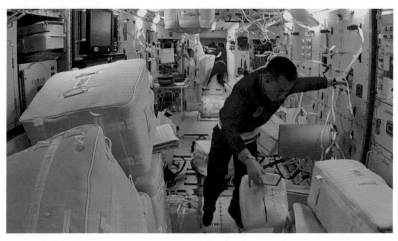

"神舟十二号"航天员汤洪波正在用 RFID 设备识别货包内部货物。
图片来源：中国载人航天工程网

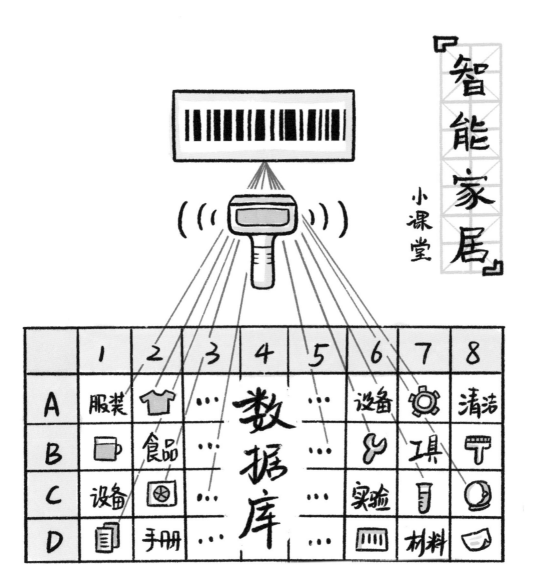

『智能·家居』

小课堂

第四章·家的装修

自动贩卖机

物流仓储

信息识别

第六节

放飞"移动城堡"——
空间站的轨道控制

　　空间站运行在距离地球 400 km 左右的近地轨道上。航天器飞行的轨道并不像地面上的高速公路一样有着明确的边界，而是在一定的轨道高度上维持着动态的平衡。强大的"发动机"控制空间站的"闪转腾挪"，如同一座"移动城堡"。

1."移动城堡"的组成

　　帮助空间站完成轨道控制的是两种发动机，一种是化学燃料发动机，另一种是电推进发动机。两者都是通过喷射出一定的气流或者离子（统称为工质），从而让空间站具有轨道维持的能力。

2."移动城堡"的设计原则

　　第一，动态维持。在 400 km 的高空，因为还有稀薄的大气，在不控制空间站的情况下，空间站会因大气阻力而每天向地面的方向下降 100 m 左右的高度，为了维持空间站的运行高度，就必须不断地把空间站往高处推一推，让空间站可以在 400 km 左右的高度上维持动态的平衡。

　　第二，减少化学燃料使用。化学燃料发动机的推力强，效率高，是非常好用的空间站推进装置。可是化学燃料在轨无法重复使用，必须依靠"天舟"货运飞船补加，成本极高。因此，在空间站上，除了常规的轨控发动机外，还使用了电推进发动机共同完成空间站的轨道控制。

3."移动城堡"的巧设计

为什么在空间站上既要安装化学燃料发动机，又要安装电推进发动机呢？这是因为两种发动机各有所长，可以说一个是"迅猛刚强"，另一个是"绵延不断"。两种发动机在太空中协同工作，共同完成空间站的姿态控制和轨道维持工作。

相比于化学燃料发动机，电推进发动机喷射出来的工质速度快了十多倍，因此获得的比冲也是十多倍，所以为了达到相同的速度，电推进发动机所消耗的燃料质量只有化学燃料发动机的十分之一。通过电推进发动机的使用，可以减少需要货运飞船补给的化学燃料质量，降低空间站的在轨运营成本。

可是电推进发动机也有一个明显的缺点，那就是每次发射的离子质量很小，因而产生的推力也很小，只有零点几牛的大小，在地面上只能推动一张薄纸，所以无法应用于火箭发射。但是在太空中，空间站可以使用电推进发动机不断喷射离子，长时间积累下，就可以完成对轨道的维持。中国空间站上配置了4台电推进发动机，长期使用可以减少化学燃料的消耗，让空间站可以更加长久地在太空中运行。

第四章　家的装修

"移动城堡" 小课堂

　　无论是化学燃料发动机还是电推进发动机，其工作原理都是通过发动机向反方向喷射工质，在力的相互作用下，航天器就可以向前运动，具体的速度可以通过动量定理得到。

$$Ft=mv$$

　　公式中，F 为发动机产生的推力，t 为喷射工质的时长，m 为喷射出的工质质量，v 为喷射出的工质速度。

　　从上述公式可以明确看出，要想让航天器获得更快的速度，就需要更多、更快、更强的喷射工质，这同样也是火箭发动机须不断突破的方向。

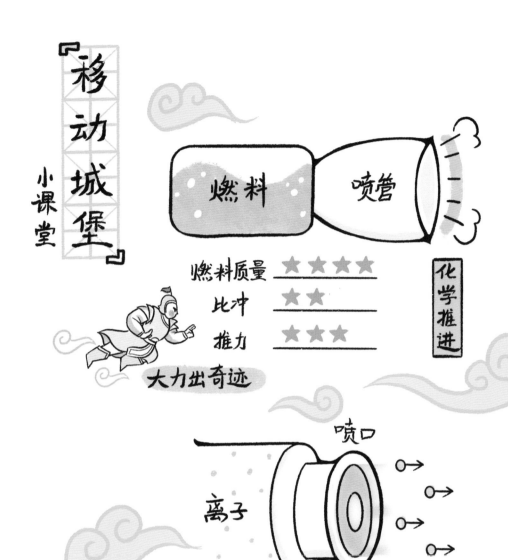

『移动城堡』

小课堂

燃料　喷管

燃料质量　★★★★
比冲　★★
推力　★★★

化学推进

大力出奇迹

喷口

离子

燃料质量　★
比冲　★★★
推力　★

电推进

慢功出细活

05

家的居住设计

空间站中安装了成百上千的仪器设备，但它们并非冰冷的机器集合，就家的居住功能来说，里面蕴含了设计者无穷的智慧。在本章，让我们一起看看中国空间站的"软装"部分。

风格**设计**

　　地面家居设计风格多样，近年常见的有北欧极简、轻奢、新中式等风格。但对于中国空间站这样一个满是设备的"房子"来说，实用性是决定设计风格的首要考虑因素。得益于其外表面良好的藏与露，"天宫"呈现出极具特色的现代极简风格。

　　配色设计的重要功能是帮助航天员辨别方位、识别设备，因而需要突出醒目。透过安装在核心舱大柱段的舱内定向摄像机，我们能够看见舱内全景——蓝白两色的舱壁和内饰，以及鲜红的国旗和党旗。

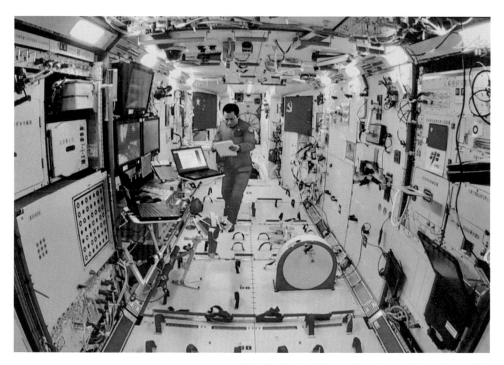

"天和"核心舱内景。　图片来源：中国载人航天工程网

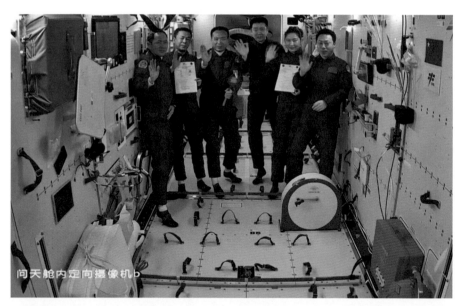

中国航天员乘组完成首次在轨交接。　图片来源：中国载人航天工程网

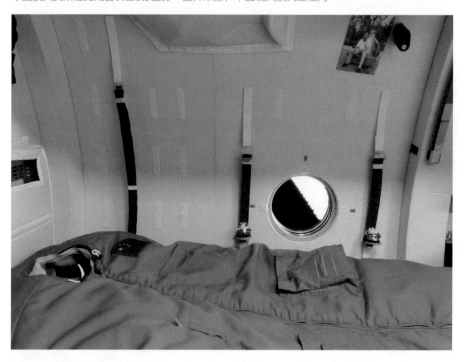

"神舟十二号"航天员的卧室内景。　图片来源：中国载人航天工程网

白色：核心舱内部 80％ 以上的区域呈现出机柜外观白色点纹色彩，奠定了整体高亮偏暖的主色调。

蓝色：舱内扶手、限位装置、仪表显示界面、太空自行车轮廓、航天员舱内工装、舱内标识等采用了醒目的蓝色。蓝色能够帮助航天员快速识别舱内的方位、操作指示、警示等信息，同时，蓝与白的配色使得生活和工作空间呈现出和谐、整洁的氛围，又不乏科技感。

浅灰色：节点舱、气闸舱、货物气闸舱和后端通道作为空间通道和出舱活动空间，采用浅灰色高明度色彩。

中国空间站因有了生活在其中的航天员而充满了生活气息，有了各种各样的文化符号，也有了相隔 400km 的牵绊。春节期间，航天员为空间站装点上春联和"福"字，带来浓浓"年味"。回到睡眠区的一方小天地内，航天员可以用照片和小挂件进行简单的装饰，打造属于自己的温馨小家。

第二节

限位**设计**

　　日常生活中，我们一般只有在乘坐交通工具时才有把身体固定住的需求，但在空间站的微重力环境下，航天员时刻处于漂浮状态，很难做到想去哪就去哪。为了给航天员提供手脚助力，帮助他们稳定身姿，空间站内部设有大量的限位装置，这些限位装置组成的路线就是航天员每天活动的动线。

　　空间站上的限位装置主要包括扶手、手脚限位器、尼龙搭扣、束缚带、防飘带等，通过它们可以固定航天员和空间站内的物品。

　　扶手：安装在空间站舱内的"天花板"和"墙壁"，以及舱外壁上，主要用于航天员固定和提供助力。

　　手脚限位器：安装在空间站的"地板"上，用于固定航天员的手脚，以保持稳定的姿态。手脚限位器可以根据航天员手脚的尺寸灵活调节长短。

　　尼龙搭扣：用于打开柜门、舱板等，类似家里的柜门把手。

　　束缚带：安装在太空自行车和太空跑台上，用于航天员在轨锻炼时的固定。

　　防飘带：安装在货包内侧，防止货包内物品意外飘出。

　　空间站内，航天员到达每一角落、操作每一台设备、触摸每一个按钮，都离不开限位装置的帮助。因此，空间站的限位设计必须做到有效覆盖。为了尽可能地为航天员提供方便，仅核心舱的限位装置就多达百余个。除考虑覆盖面外，空间站的限位设计还得充分考虑其功能性。各类限位装置要根据功能的不同合理摆放，比如在餐桌、工作台、舱内摄像机附近就设置有多个连续的限位装置，方便航天员灵活使用。

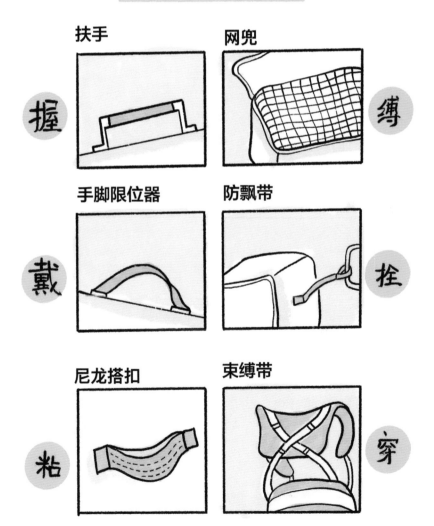

防"飘"指南

扶手　　　　握
网兜　　　　缚
手脚限位器　戴
防飘带　　　拴
尼龙搭扣　　粘
束缚带　　　穿

第三节

收纳设计

　　曾有网友将"天和"核心舱与国际空间站的舱内照片进行对比，两者在整洁程度上的差异一目了然。有人说，"天和"核心舱内之所以整洁是因为刚刚上天，就好像刚搬的新家，比在轨十余年的国际空间站整洁也是正常的。不可否认，新家入住是中国空间站看起来干净整洁的原因之一，但其背后更加重要的原因在于合理收纳。

　　有过装修、买房、租房经历的人对于"收纳"一词一定不陌生，特别是在寸土寸金的地方，多省出来的空间就是真金白银。对于空间站来说，在约400km的太空开拓出这样一方居住空间，付出的成本是不可估量的，空间甚至是比质量更需要"锱铢必较"的指标。

　　收纳第一步，总量控制。"扔"是收纳的秘诀，对于空间站这样一个需要"斤斤计较"的地方，舱内的物品总量要严格控制。货运飞船作为"垃圾站"，定期将空间站内多余的物品清理掉。

国际空间站

中国空间站

收纳第二步，嵌入墙体。中国空间站舱内仪器设备整体采用了嵌入式的设计。在核心舱和两个实验舱上，再生生保设备、各种实验设备被整齐地嵌入一个个机柜中，机柜又被镶嵌到四周的墙体中。同时，不同的仪器设备被设计成了抽屉式或者开门式，餐桌、置物板、跑步机等家具家电都采用了折叠设计，使得舱内空间呈现出四平八稳的长方体，最大限度地保障了航天员在"家"的活动空间。

收纳第三步，就近放置。空间站根据航天员的实际工作生活情况设计了很多收纳空间，比如在就餐区设置了保存食物的储物柜，在货船对接的后向对接口设置了归置货包的区域。

收纳第四步，巧用"神器"。货包是空间站里的收纳神器，它的规格多达 26 种，采用一体化方形设计，方便并排放置，可以充分利用舱内有限的空间。货包采取了抗菌、防潮、防飘等设计，能够帮助航天员高效地收纳各类物品。

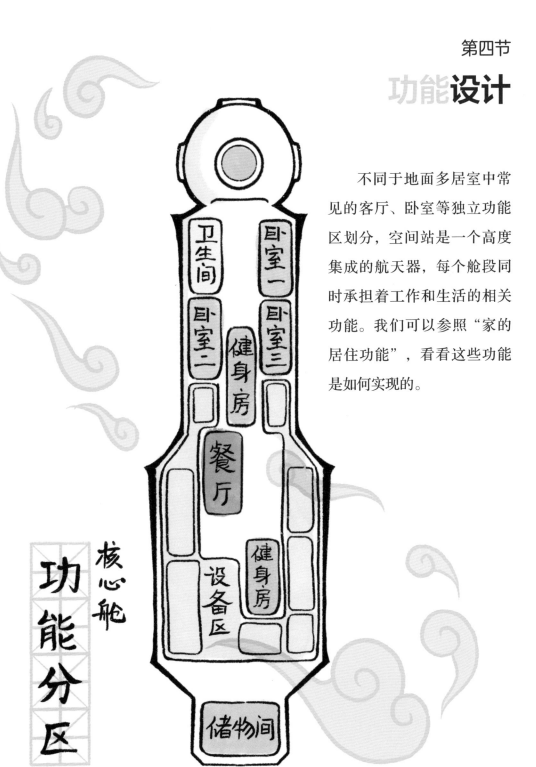

第四节

功能**设计**

　　不同于地面多居室中常见的客厅、卧室等独立功能区划分，空间站是一个高度集成的航天器，每个舱段同时承担着工作和生活的相关功能。我们可以参照"家的居住功能"，看看这些功能是如何实现的。

卫生间

卧室一

卧室二

卧室三

健身房

餐厅

设备区

健身房

储物间

核心舱

功能分区

玄关、衣帽间

这部分功能的实现区域是核心舱的节点舱和"问天"实验舱的气闸舱，航天员在这里更换舱外航天服，也是从这里打开舱门开展出舱活动。出舱活动一般采取两人一组的方式，乘组中的另一位航天员留在舱内辅助，完成机械臂操控。

卧室

空间站内共有6间卧室，其中3间在"天和"核心舱，3间在"问天"实验舱。卧室里设有储物区，提供空调、照明灯、报警音箱、温湿度计等设备，提供各类扶手帮助航天员在漂浮状态下固定身体。透过卧室里的舷窗，航天员可以一览地球的大好河山，也可一睹宇宙的浩瀚无穷。同时，为了保障航天员的睡眠，卧室里的噪声远低于工作间。

卧室1　　　卧室3

健身房

卫生间　　　卧室2

卫生间

"天和"核心舱和"问天"实验舱各有一个卫生间，用门帘隔离，设置在远离餐厅的位置。卫生间是除卧室以外空间站里唯一的隐私区域，配备有大小便收集装置，存储有个人卫生需要的用品和工具。

健身房

为了减轻骨丢失等在轨长期生活的症状，航天员每天需维持1~2小时的体育锻炼，使肌肉和血液循环维持正常水平。为此，核心舱内配备了太空跑台、太空自行车以及可以自由使用的拉力绳。

医务室

空间站设置了负责航天员医疗保障的单独区域，能够完成心电、呼吸、体温、血压等常规检查以及各器官功能的监测。对于心脏急症、四肢骨折等症状，"医务室"也有应急救治手段，还能通过天地通话远程进行心理诊疗。

工作间

航天员在轨最主要的任务之一是开展各项科学实验/试验。"工作间"里安装了太空离心机、微重力实验设备等各种先进的设施，随着两个实验舱的到来，房间里的"内涵"也进一步丰富。

操作台

通过舱内专门的机械臂操作台，可以遥控"天和"机械臂完成各项复杂的舱外任务。

健身房

储物间

餐厅

设备区

储物间

位于核心舱大柱段尾部与"天舟"货运飞船的连接处，这里可供航天员存放物品，并与货船的船舱共同完成储物功能，以确保空间站内保持清爽整洁。

餐厅

"天和"核心舱和"问天"实验舱可以实现餐厅的功能。餐厅配备有折叠式餐桌、微波炉、热风加热装置、冰箱和饮水机，以及用于放置满足3人7天食品用量的储物柜。由于处于微重力环境，餐厅未配备餐椅。航天员一般每7天从货船里取一次食品。航天员用餐产生的垃圾可在就餐区统一装袋，最终放入货运飞船统一销毁。

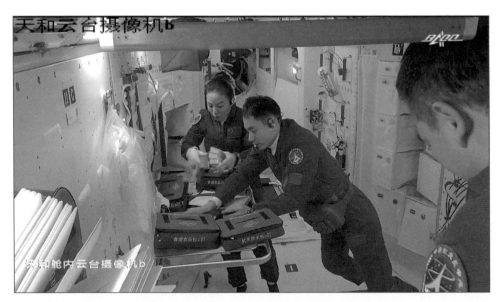

"神舟十三号"航天员乘组正从包裹中取出食物。　图片来源：中国载人航天工程网

"神舟十六号"航天员乘组正在开展在轨科学实验和技术试验。　图片来源：中国载人航天工程网

第五节

融合设计

　　空间站各个舱段具备独立运行能力，当它们组接到一起后，可以对不同舱段的供电、数据处理、热控等每一项功能进行重新构造，让它们不再单独服务于某一个舱段，而是共同服务于整个空间站，形成"1+1+1+…+1=1"的合力效果，这就叫作融合设计。通俗来说，每一个单独的航天器与空间站对接后就与之合体实现资源共享，从单独的神经元变成神经系统，从单独的空调变成中央空调，从单独的电池变成能源中心。

　　通过融合设计，空间站得以按照更佳的策略飞行，进行更好的资源管理，航天员得以跨舱段进行操作，各个舱段互相进行功能备份、及时补位，让我们的太空之家更加高效、健康。

1. 供电融合

　　当中国空间站"T"字形组合体完成组建后，仅两个实验舱的太阳翼就可以实现 27kW 的发电功率，能源转换效率高达 30%。为了应对可能出现的突发情况，空间站各舱段之间的电能组成了一个"供电联盟"。货运飞船和空间站采用双向并网供电，核心舱可以为货运飞船提供最高 2000W 的电力，货运飞船也能为核心舱提供 1000W 左右的电力。为了保证航天员的安全，载人飞船和空间站采用单向并网供电，核心舱可以为载人飞船提供最大可达 1400W 的电力。

2. 信息融合

信息融合是指空间站原有的信息系统对完成对接的新舱段的信息系统进行"收编"，实现统一管理。这里的信息系统包括最基础的统一遥测信息采集、遥控指令发送、信息网络合并，以及更高级的统一控制、统一管理，等等。通过统一的信息处理"大脑"，空间站得以在统一的指挥下完成整体数据信息的高效传输。

3. 热控融合

空间站内部存在大量需要散热的电子设备，且分布广泛。为了防止出现散热不均匀的情况，空间站进行了**热控融合**。一方面通过热控流体回路的连通，实现热量跨舱段传输，使每个设备产生的热量流动到热辐射器统一散热，实现各舱温度的平衡；另一方面，当某个舱段的散热装置出现故障时，其他舱段的散热装置可以快速响应，帮忙进行散热。

融合设计

『神舟』

『天舟』

『天和』

⚡ 能源

ⓘ 信息

〰 热控

● ······

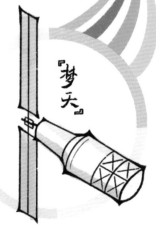

『梦天』

『问天』

06

家的维护

空间站的维护需要借助多方力量，舱内，通过一套系统，让维持生命的水、氧气等资源实现循环再生，满足航天员生活所需的同时也减少货运飞船的送货压力；舱外，发挥航天员"人在太空"的优势，灵活处置各种舱外维修更换的需求，保障空间站整体坚固耐用。地面上，飞控人员通过"天地网络"与空间站互联，24 小时全情守护家的一举一动，有序执行任务。在本章，我们来看看空间站是如何维持运转的。

舱内**循环**

　　航天员在太空之中生活和在地球上一样，不能缺少水和空气。可是，在遥远的太空，航天员无法像在地球上一样，直接接受大自然的馈赠。因此，空间站需要"天舟"货运飞船定期补充水和空气。同时，为了更加充分地利用站内资源，空间站内部还建立了一套循环系统，让空气和水可以被循环使用，实现资源的最大化利用。

1. 水循环系统

　　空间站的水循环系统主要用于**收集航天员的尿液、呼吸产生的水汽、排出的汗液等，并将它们循环利用。**其中的尿液循环系统会将航天员的尿液预处理后进行旋转蒸馏成水蒸气，最后再冷凝形成蒸馏水；而水汽循环系统会将航天员呼吸气体中的水汽，通过温湿度控制系统变成冷凝水。最终，蒸馏水和冷凝水会共同进入水处理系统进行深度净化处理，这样出来的水就可以再次使用了。

　　这个系统对于水的转换率极高，循环出来的再生水被航天员用于进行清洁和制造氧气，大大降低了货运飞船上行携带航天员饮用水和氧气等资源的需求量。

2. 气体循环系统

　　空间站的氧气制取是将再生水通过电解的方式（$2H_2O \xrightarrow{\text{电解}} 2H_2\uparrow + O_2\uparrow$）

获得氧气和氢气,制造出来的氧气与氮气混合制成空气循环进入空间站之中。可是空间站的循环水不足以支撑航天员的使用,氮气也会被不断消耗,因此,每一艘货运飞船都需要携带一定量的氧气和氮气进入太空,以维持航天员的生活。

电解出的氢气和二氧化碳在催化剂的作用下,可以制造出甲烷和水($4H_2+CO_2 \xrightarrow{\text{催化剂}} CH_4+2H_2O$)。生成的水再次进入水循环系统中被利用起来,甲烷和没有消耗完的氢气被排到太空中,而没有消耗完的二氧化碳会被吸附材料吸收,放入货船中一并销毁。

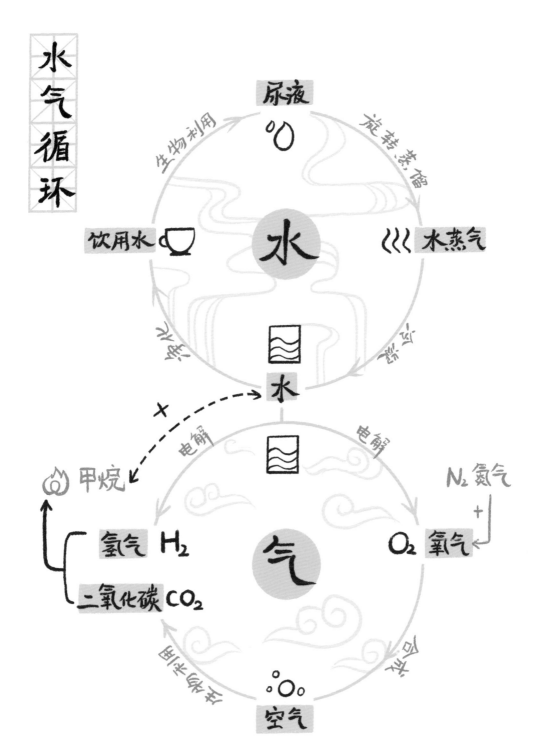

水气循环

尿液

生物利用

旋转蒸馏

饮用水

水

水蒸气

水

+ 电解 电解

甲烷

N₂ 氮气

氢气 H₂

气

O₂ 氧气

二氧化碳 CO₂

空气

第二节
舱外 维修

"航天员完成出舱总共分几步？"简单来说，与把大象装进冰箱类似——把舱门打开，出舱并返回，把舱门关上。可是实际上出舱活动的危险度极高，航天员需要面临很多困难。从外部环境看，航天员要直面失重、急剧的温度变化、杀伤性极强的宇宙射线、高速的太空垃圾和碎片等恶劣情况；从出舱任务看，航天员要面临空间站设备安装、调试、维修等不同工况的任务，需要在失重条件下准确高效地完成。

1. 装备篇

工欲善其事，必先利其器。良好的工具是保证出舱活动的关键，这些工具大致可分为舱外航天服、操作工具、移动工具和辅助工具。

舱外航天服： 如同一个小型的航天器，帮助航天员在太空中保持压力、维持温度、防止辐射、提供生理保障。我国的舱外航天服是我国自主研发的第二代舱外航天服，代号"飞天"，相比第一代，支持的舱外活动时间从 4 小时提升到 8 小时，使用寿命也从 2 年 5 次提升到 3 年 15 次，为航天员长时间、高效率出舱活动提供了坚实的保障。

操作工具： 主要有舱外电动工具和舱外通用把手。舱外电动工具用于舱外"螺丝"的拧紧、拧松工作，舱外通用把手用于实现航天员单手完成对设备的快速锁定、解锁。

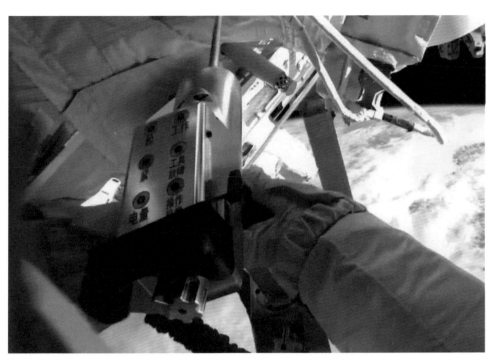

舱外电动工具。 图片来源：中国载人航天工程网

移动工具： 主要包括机械臂和便携式脚限位器。机械臂不但让航天员可以更快速地前往更远的地方进行工作，更为航天员提供了良好的工作平台。便携式脚限位器则可以帮助航天员固定在舱外工作点上，解放出自己的双手。

辅助工具： 包括舱外操作平台、微型工作台。舱外操作平台与便携式脚限位器配合使用，可以挂放设备和其他工具。微型工作台则与航天服直接相连，用于悬挂航天员出舱须使用的工具。

航天员刘伯明单手举着脚限位器，另一只手扶着出舱口环形扶手探出了身体，并将脚限位器对接安装于机械臂末端执行器的一侧。
图片来源：中国载人航天工程网

2. 准备篇

航天员出舱跟在地球上出门一样，也要查"天气预报"，在太空中叫空间环境预报。同时，出舱要尽量选择太阳活动比较平稳的时期，避开高能粒子密集的区域。

看上去，出舱工作似乎只是简简单单地打开舱门走出去而已，可实际情况要复杂得多。在出舱之前，航天员有三大类、上百个细目的准备工作需要完成，然后才可以进入太空。

第一步，穿舱外航天服。舱外航天服虽然有 100 多千克，可是在良好的设计和充分的训练之下，航天员只需要 3~5 分钟即可完成穿航天服的工作。在穿航天服时，由两名航天员共同完成，一名指导着服步骤，另外一名按要求穿着航天服。航天服穿好后，航天员会对服装的气密性和功能性进行检查，以确保万无一失。

第二步，出舱活动演练。航天员会把出舱活动的每一项任务都模拟一遍，对工作流程、关键动作、主要风险进行再次熟悉和确认，这一套演练下来对体力消耗极大，为了保证出舱工作的体力，航天员会在演练后进行短暂的休息。

第三步，泄压开门。航天员出舱前需要用舱间抽气泵将气闸舱的大气抽走，让气阀舱的气压从一个大气压逐渐下降至接近真空，然后就可以打开出舱门，进入太空。

3. 工作篇

航天员出舱到底要做什么呢？

在舱外活动中，航天员可以对空间站自身的舱外设备进行组装、维修和更换，以保证空间站长期在轨运行的可靠性；航天员还可以开展舱外科学试验，测试新的设备，充分利用宇宙空间的环境。此外，未来航天员还有可能出舱对其他卫星进行维修，进一步提升空间站的在轨应用场景。

比如在"神舟十二号"乘组首次出舱任务中，汤洪波、刘伯明两名航天员就完成了舱外全景摄像机的抬升工作，让摄像机可以拥有更好的拍摄视角；此前讲到的流体回路泵安装，也是在空间站的出舱任务中完成的；"神舟十三号"乘组航天员王亚平、翟志刚在一次出舱任务中协同完成了机械臂悬挂装置与转接件安装。更加值得一提的是，"神舟十七号"乘组航天员汤洪波、唐胜杰、江新林三名航天员对"天和"核心舱的太阳翼进行了维修，消除了因太空微小颗粒撞击产生的影响，这可是中国航天员首次完成在轨航天器舱外设施的维修任务。

　　航天员出舱活动是空间站在轨工作中必不可少的一项，它既可以加强空间站的稳定运行能力，又可以加强空间站的在轨应用价值。同时，这项工作的风险也极高，是对航天员身体素质、心理素质的极大考验。

航天员穿着舱外航天服，在舱外扶手的帮助下开展舱外移动。　　图片来源：中国载人航天工程网

第三节

飞行控制

　　飞行控制是什么？航天器飞在遥远的太空，需要组织一支强大的地面支持队伍，对航天器的信息进行收集和分析，给航天器下达具体的指令，从而让航天器完成人们预期的工作，这支队伍就是飞行控制队伍，这样的行为就叫飞行控制，简称飞控。飞控的人们就像是放风筝的人，飞控就像用一条看不见的线牵引着航天器完成一个又一个任务。

1. 空间站飞行控制的难点

　　相比其他航天器，空间站的飞控任务难度增大了很多。第一，不论是航天器本身的安全还是航天员自身的健康，都需要飞控人员时刻密切监控。第二，空间站要不断执行各种高难度的任务，比如航天员出舱、交会对接、机械臂爬行、舱体转位等，稍有不慎就可能导致空间站失效。第三，空间站的体积极为庞大，当出现问题时，对于问题的查找和定位难度也呈指数上升，例如国际空间站出现过一次漏气情况，花了一年时间才找到原因。第四，虽然航天员在进入太空之前已经经历过千万次的训练，在太空中仍然会遇到很多突发的情况，需要在地球上的飞控人员给予充分的技术支持才能应对。

2. "三位一体"空间站

　　为了给空间站提供最全面的保驾护航，飞控队伍又一次用"1+1+1=1"

的思想，构建了天地同频的"三位一体"空间站——一艘在太空中遨游的空间站、一艘在地球上运行的地面空间站、一套在虚拟世界运行的数字空间站。这样，在天地之间、虚实之间构建起一座空间站桥梁。

地面空间站。空间站在研制过程中，会先根据要验证的功能不同制作多个空间站雏形，主要包括电性舱、结构舱、热控舱，分别用于验证空间站装修过程中的电器功能、结构强度、热控制功能，在确保各项功能正常之后，将集所有雏形于一体，制造最终进入太空的空间站，这样的研制方式在航天器研制过程中是一种常规使用的手段。

与众不同的是，空间站进入太空后，作为雏形的电性舱被飞控队伍充分利用了起来，改造成与进入太空空间站一模一样的状态，作为地面空间站有效模拟在轨空间站。

在航天员进行复杂操作之前，就会由飞控人员在电性舱上进行操作和演练，保证整个操作过程的安全可靠；当空间站出现突发情况时，也可以通过地面空间站分析可能出现问题的原因，帮助航天员更加快速地解决问题。

数字空间站。地面空间站可以从电子设备上与天上的空间站保持一致，但是也有一些无法模拟的事情，比如空间站飞行姿态的变化、太空环境等，这时候就轮到数字空间站大显身手了。

数字空间站运行在虚拟世界中，一方面可以实时接受空间站下传的遥测，让飞控人员随时了解空间站的状态；另一方面可以模拟仿真空间站在太空之中的动作，比如机械臂完成复杂任务之前，就会先在数字空间站进行一次"模拟考试"，把规范流程和可能出现的突发情况演练到位后，再在太空之中完成正式的考试。

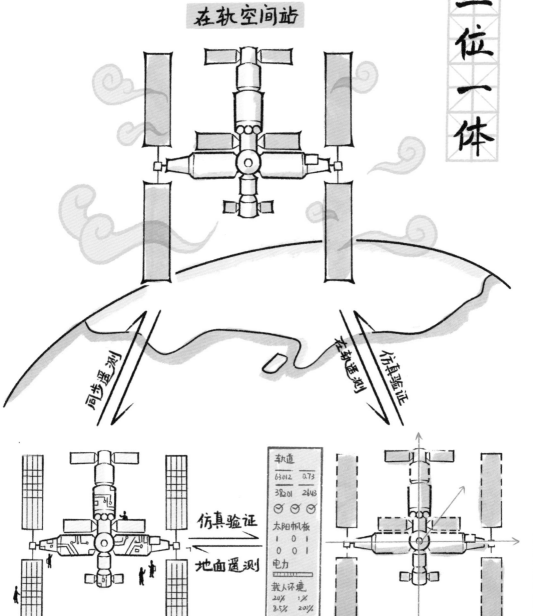

三位一体

在轨空间站

周步遥测

在轨遥测

仿真验证

轨道
6.3012 0.73
3.8201 2.643
☑ ☑ ☑
太阳帆板
1 0 1
0 0 1
电力
载人环境
20%   1%
8.5% 200%

仿真验证

地面遥测

地面空间站

数字空间站

07

家和家人

　　我们的太空家园——中国空间站，看上去是 3 位航天员或是短期驻留的 6 位航天员生活在其中，但背后无时无刻不有着成百上千双眼睛在 24 小时全情守护；看上去是空间站自身稳稳地运行在轨道上，但背后是无数力量的托举：火箭将空间站加速到第一宇宙速度送入预定轨道，发射场帮助空间站和火箭做好临行前的准备工作，测控站和测控船让空间站与地面虽相距数百千米依然心心相连……看上去中国空间站从 2021 年启动在轨建设，但其实早在 10 年前甚至几十年前，空间站建设的准备工作就已经开始。

　　中国的载人航天事业，台前是在轨飞行的航天器和生活在其中的航天员，幕后是不计其数的科研工作者和无数个为之奋斗的日夜。航天人的智慧和汗水筑成了这个"家"，数以万计的科研人员参与其中，成为"家人"。

　　从系统构成上说，中国载人航天工程分为空间站系统、航天员系统、海南发射场系统、着陆场系统等 14 个大系统。其中，空间站系统又分为结构机构分系统、热控分系统、数管分系统、机械臂分系统等 15 个分系统，每个分系统又包含了若干子系统，比如机械臂分系统就包括了关节、末端等 5 个子系统，每个子系统又由多个单机组成，每个单机包含各类元器件。为了

载人航天

工程组成

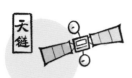
天链

北斗

空间实验室

载人空间站

光学舱

空间应用系统

载人飞船

航天员

货运飞船

『长征2F』

测控系统

『长征七号』

『长征五号』

酒泉发射场

着陆场

文昌发射场

完成从元器件到各个系统的研制，包括国有企业、科研院所、高校、民营企业等在内的数千家单位各负其责，发挥各自的专业技术优势。

航天人习惯把参与研制的航天器比喻成自己的"孩子"，而空间站整个研制周期远远要比怀胎十月更长。从发射的那一刻起，空间站就已经进入了飞控阶段，包括此后航天员进驻和在空间站生活、工作都属于飞控阶段，这在整个研制过程中属于后期。按照空间站的设计寿命，这一阶段要持续15 年左右。

时间线往前追溯，在飞控阶段之前需要经历约 4 个月的发射场准备阶段，在发射场完成总装和测试并与运载火箭进行对接。在进入发射场之前要完成正样研制阶段，在这一阶段中，最终跟随空间站上天的各系统、各舱段、各类产品将完成组装和一系列模拟航天环境、飞行状态的测试；再往前是初样研制阶段，在这一阶段，各参与研制的组织会将设计要求分解并进行详细设计，突破研制过程中需要的新技术、新材料、新工艺，并验证它们是否可以在后续阶段中推广使用；再往前还需要经历预研和论证阶段，开展一些关键技术的验证和攻关，综合分析设计方案是否可行，将工程总体提出的目标细化为各个系统的具体技术指标。

回到设计的源头，我们的太空家园——中国空间站的建设起源于工程总体提出的目标："建造空间站，解决有较大规模的、长期有人照料的空间应用问题。"让我们展开研制历程的"蓝图"，再一次认识我们的家和家人。

远方的家

在许多科幻电影中，人类未来的太空家园被设计成不停自转的轮形空间站，通过自转产生的离心力模拟重力，使人类得以在空间站内"脚踏实地"地生活，就如同在地球上一样。但在现有运载火箭的运载能力和整流罩造型的约束下，轮形空间站无法通过一次发射完成，也无法通过多次发射组装，再加上其本身结构的不稳定性，注定了它始终只能以科幻形式存在的命运。我们远方的家在哪？这个问题似乎已经有了答案。

在官方发布的《2021 中国的航天》白皮书中，关于载人航天工程的未来规划有这样一段表述："深化载人登月方案论证，组织开展关键技术攻关，研制新一代载人飞船，夯实探索开发地月空间基础。"此外，面对更遥远的家园，我们计划在 2030 年前实现载人登月，在 2030 年前后实施火星取样返回任务，同时开展木星系探测等关键技术攻关，论证太阳系边际探测等实施方案。在不远的将来，这些距离地球几亿千米甚至更远的"家园"也在向我们招手。

对于人类而言，广袤、迷人的太空是极其危险的。真空无氧环境、极端温度、无处不在的宇宙射线和空间碎片等都是人类生命难以承受之重。好在现在我们有了中国空间站，它是人类适应太空生活的训练场，为我们在太空中提供了保障生命的屏障和宜居的生活、工作环境。此外，"天宫"还是人类走向更远深空的"前哨站"。太空探索永无止境，随着人类不断抵达新的疆域，将居住地拓展到地球以外，中国空间站的角色将慢慢变成抵达遥远深空的中转站。我们可以以此为平台，将航天器以更小的代价发射，也可以由此迈向下一颗行星表面，前往太阳系及太阳系之外更遥远的地方。无论怎样，自"天宫"筑梦太空之日起，你我的生活已经发生了改变。

参考文献

[1]. 尼摩 . 巡天光学舱: 与众不同的中国"天眼" [N]. 中国航天报, 2022-03-12 (1).

[2]. 全国科学技术名词审定委员会 . 航天科学技术名词 [M]. 北京: 科学出版社, 2006.

[3]. 周淑贞 . 气象学与气候学 [M]. 北京: 高等教育出版社, 2019.

[4]. 包科达 . 物理学 [M]// 中国大百科全书出版社编辑部 . 中国大百科全书: 第 74 卷 (第二版). 北京: 中国大百科全书出版社, 2009.

[5]. 张育林, 范丽, 张艳, 等 . 卫星星座理论与设计 [M]. 北京: 科学出版社, 2008.

绘者说

给《中国空间站：我们的太空家园》绘制插图是一次非常奇妙的经历，为"天宫"造像，绘"家园"蓝图，充满挑战也富有乐趣。为了能给我们自己的科普书加一点"中国味道"，我们进行了全新的尝试与探索。形式上，采用白描绘图，飞檐走线，书法排版，淡彩点染，努力给航天科普内容打造一件"国风"的外衣。在内容表达上，也把科技工作者们一贯"硬核＋含蓄"的工作风格嫁接到图面逻辑上来，把计算推导可视化，硬核知识点生活化，安排"天宫"角色气氛组……力求每图有信息，每张有设计，努力做到有趣且有料，通俗不庸俗。

在绘制插图的过程中，我们越发觉得这次尝试是有益、有趣且有价值的。提到航天，大家总会不由自主地想到恢宏的美国大片、磅礴的科幻巨制，但是航天科普就只能有这一张"脸"吗？我们如何能与生活更贴近，与国人更贴切？这也是我在做插图时试图回答的问题。如今，随着我国一次次航天任务的接续成功，大众对于中国航天的好奇、热情和信心都在持续倍增。这给了我们以内容创作的土壤和根基。能够以具体的工程实际为线索，"出圈"挖掘航天价值，用自己的画笔表达切身感受，传播科技与美，我感到十分荣幸。

感谢创作期间作者和编辑给予的支持、包容和鼓励。尽管拙作才华有限，真诚定无所欺。希望本书在给大家带来知识的同时也能提供一些关于美的趣味和联想。星河瞭远，一路同行。

后记

朋友圈容易给人一种错觉叫作"以为身边人都在关注我们"。翻开航天人的朋友圈，每当航天有大事发生，朋友圈都会被相关的消息"刷屏"，让我以为大家都在关注航天事业。有一次，正好赶上发射任务，我的朋友圈早已"铺天盖地"。但这时，我翻看了身边几个其他行业朋友的朋友圈，发现他们的朋友圈里甚至一条相关的消息都没有。事实上，不同的行业、不同的爱好、不同的知识结构早已把我们分成了不同"圈层"，每个圈有自己的话语体系、关注点，在每个圈的边界上都清晰地写着"非请勿入"。

我们在"B 站"（Bilibili 网站）上建立了一个科普账号，邀请航天设计师作为主播讲解航天知识、分享前沿动态，用动画模拟、实景拍摄等多种形式制作科普视频。这些视频一经推出就取得了不错的播放量，也让科普账号得到了一些关注。但我们发现，每当视频里讲到相对"硬核"的部分，弹幕里就会重复刷屏一句话"大佬竟然试图教会我们"，甚至形成了独特的粉丝文化，这样的"互动"让我们又好气又好笑，也让我们更加深刻地感受到"破圈"的不易。

所以，这一次我们的科普以书的方式呈现，告别"零敲碎打"，以"家"作比，系统梳理中国空间站的发展历程、建设历程、系统组成等。从家居"硬装"和家居"软装"两个方面深入空间站内部，比较太空和地面"建房子"的异同，帮助读者对太空中微重力、真空、高温差以及充满宇宙射线的空间环境有更深入的认识，也对中国空间站背后的"中国智慧"有更为深刻的理解。

在此，感谢对本书提供内容支持和专业把关的各位航天设计师，他们分别是：范高洁、曲少杰、周昊澄、王冉、彭华康、王储、郑红阳、刘晓震、李蒙、朱超、陈伟跃、韩海鹰、易予生、刘欣、张琳、任亮、程天然、李皖玲、曲溪。感谢为本书作序的杨宏院士和禄薇女士，感谢为本书提供手绘图和插图支持的石萌、李浩、刘泽康、贾肇睿、李明、杨卓、朱进以及载人航天工程官网，感谢我们可爱的编辑李文瑶和出版社各位同事的大力支持。

最后的最后，以此书献给跟随本书一起诞生的"大壮"和挺着大肚子还给予指导校对的"蹦蹦"，以及无限支持、永远元气满满的"金金"。